Uni-Taschenbücher

UTB

Eine Arbeitsgemeinschaft der Verlage

Birkhäuser Verlag Basel und Stuttgart
Wilhelm Fink Verlag München
Gustav Fischer Verlag Stuttgart
Francke Verlag München
Paul Haupt Verlag Bern und Stuttgart
Dr. Alfred Hüthig Verlag Heidelberg
J. C. B. Mohr (Paul Siebeck) Tübingen
Quelle & Meyer Heidelberg
Ernst Reinhardt Verlag München und Basel
F. K. Schattauer Verlag Stuttgart–New York
Ferdinand Schöningh Verlag Paderborn
Dr. Dietrich Steinkopff Verlag Darmstadt
Eugen Ulmer Verlag Stuttgart
Vandenhoeck & Ruprecht in Göttingen und Zürich
Verlag Dokumentation München–Pullach

Heinz-Günther Gerlach

Elementare Begriffe der Elektrotechnik

Studienbuch für Ingenieure

Birkhäuser Verlag, Basel und Stuttgart

Der Autor, HEINZ-GÜNTHER GERLACH, wurde 1927 geboren und ist Bürger von Zürich. Seine Ausbildung als Diplom-Ingenieur im Fachgebiet Starkstromtechnik erfolgte an der Technischen Hochschule Karlsruhe 1947—1951. Die praktische Tätigkeit übte er als Elektroingenieur in diversen Betrieben der Privatindustrie aus. 1966 promovierte er zum Dr.-Ing. Seit 1970 ist er als Hochschullehrer tätig.

ISBN 3-7643-0763-3

Nachdruck verboten. Alle Rechte, insbesondere
das der Übersetzung in fremde Sprachen und der Reproduktion
auf photostatischem Wege oder durch Mikrofilm, vorbehalten.
© Birkhäuser Verlag Basel, 1975

Vorwort

Dieses Taschenbuch will eine kurzgefasste Einführung in die naturgemäss abstrakte Vorstellungswelt des Elektroingenieurs vermitteln, und dabei den formal sehr einfachen Unterbau der Elektrotechnik klar hervortreten lassen. Mit besonderer Sorgfalt versucht der Autor, *von Anfang an* Assoziationen zu analogen mechanischen Modellen zu wecken. Dieser Versuch richtet sich vor allem an solche Studierende der technischen Wissenschaften (vorab Maschineningenieure), die weder die Zeit noch die Motivation besitzen, um sich ausgedehnterem Literaturstudium widmen zu können; was allein schon im Studienplan genügend belegt ist. Aus diesem Grund waren neben der Einführung der Begriffe zwei Fach—Schwerpunkte zu bilden: Einem der Schwerpunkte (Messtechnik) ist ein ganzes Kapitel gewidmet nebst Schaltungsbeispielen in den übrigen Abschnitten. Der andere für die Ausbildung eines Maschineningenieurs wesentliche Schwerpunkt (Antriebstechnik) soll Gegenstand eines weiteren Bandes sein.

Der Versuch richtet sich aber in zweiter Linie auch an jene Ingenieure und Techniker der Elektroindustrie, sowie auch an studierende Elektroingenieure höherer Semester (wo die Motivation in ausreichendem Mass vorhanden ist), welche etwa den Wunsch haben sollten, ihr spezielles Wissen aufzufrischen durch die hier sauber formulierten interdisziplinären Verknüpfungen. Dass die Methodik analoger Modellvorstellungen von dauernd aktuellem Interesse ist, im Hinblick auf mathematische Problemlösungen auf allen Gebieten der Technik, braucht einem erfahrenen Ingenieur nicht erst ausdrücklich gesagt zu werden.

Inhaltverzeichnis

1. **Einige Begriffe aus der Elektrizitätslehre** 11

   1.1 Zur Vorstellung von Strom, Spannung, Leistung: Elektrizität als Energieträger 11
   1.2 Laminare Flüssigkeitsströmung und Ohmsches Gesetz 14
   1.3 Widerstand = Leitungselektronen im elektrischen Strömungsfeld 18
   1.4 Temperaturkoeffizient des Widerstandes 25

2. **Der einfache elektrische Stromkreis** 27

   2.1 Die ideale Spannungsquelle 27
   2.2 Beispiele elementarer Gleichspannungserzeuger 30
   2.3 Die Kirchhoffschen Sätze: Parallel- und Reihenschaltung von Widerständen 35
   2.4 Reale Spannungsquelle und Anpassungsprinzip 38
   2.5 Stromquelle und Ersatz-Spannungsquelle 42
   2.6 Beispiele von Nichtlinearitäten, Konstantspannungs- und Konstantstromsystem 43

3. **Vermaschung und Überlagerung von Stromkreisen** 48

   3.1 Auflösung eines allgemeinen Netzwerks 48
   3.2 Spannungsteiler und Superpositionsprinzip 50
   3.3 Anwendungsbeispiele der Brückenschaltung 53
       3.3.1 Differenzbildung 53
       3.3.2 Quotientenbildung (Wheatstone-Schaltung) 54
       3.3.3 Produktbildung 55

4. **Das elektrostatische Feld** 57

   4.1 Influenz und Verschiebung 57
   4.2 Polarisation und dielektrische Festigkeit 60
   4.3 Der Kondensator 63
       4.3.1 Kapazität eines koaxialen Zylinders 63
       4.3.2 Bauform und -grösse des Kondensators 64
       4.3.3 Mehrschichtiges Dielektrikum 66
   4.4 Laden und Entladen des Kondensators 68

5. Magnetisches Feld und Induktionsgesetz ... 72

5.1 Das magnetische Wirbelfeld ... 72
5.2 Das Durchflutungsgesetz ... 74
5.3 Das Induktionsgesetz ... 76
5.4 Induktivität und Energieinhalt der Toroidspule ... 79
5.5 Ferromagnetismus ... 83
    5.5.1 Magnetisierung, Permeabilität und Hysterese ... 83
    5.5.2 Dauermagnetischer und elektromagnetischer Kreis ... 86

6. Energieumsatz und Kräfte im magnetischen Feld ... 91

6.1 Zugkraft des Elektromagneten ... 91
6.2 Stromkräfte im magnetischen Feld ... 94
6.3 Bewegungsspannung und elektrodynamischer Leistungsumsatz ... 97

7. Messtechnik I ... 99

7.1 Das Drehspulmesswerk: Wirkungsweise, statischer Ausschlag, Messbereichswahl ... 99
7.2 Das dynamometrische Messwerk ... 106
7.3 Mechanische und elektrische Dynamik ... 109
    7.3.1 Mechanisch-elektrische Analogie: Einschwingvorgang eines LRC-Kreises ... 109
    7.3.2 Statische und dynamische Einstellung: Eigenfrequenz, Eigenverbrauch und Dämpfung eines Messwerks ... 116
7.4 Der Lichtstrahloszillograf ... 120
7.5 Der Kathodenstrahloszillograf ... 122
    7.5.1 Elektronenstrahl-Bildröhre ... 122
    7.5.2 Prinzip des Messverstärkers ... 124
    7.5.3 Zeitproportionale Sägezahnspannung ... 128

8. Stationäre Wechselströme ... 132

8.1 Erzeugung einer Wechselspannung: Sinusspannung, Rechteckspannung, harmonische Analyse ... 132
8.2 Wechselstrom in einem Ohmschen Widerstand: Leistung, Effektivwert, Klirrfaktor ... 135
8.3 Spannungsabfälle in einer Reihenschaltung aus L, R, C ... 138
8.4 Zeigerdarstellung, komplexe Schreibweise ... 139
8.5 Definition und Darstellung von Blind- und Scheinwiderständen ... 142
8.6 Begriffe der Blind- und Scheinleistung ... 144

9. Wechselströme bei variabler Frequenz ... 148

9.1 Reihenresonanz, Begriff der Güte ... 148
9.2 Die symmetrische Resonanzkurve: Verstimmung, Amplituden- und Phasenfunktion ... 151
9.3 Ortskurven der Impedanz und der Admittanz: Begriff der Bandbreite ... 153

Inhaltsverzeichnis

9.4 Unsymmetrische Resonanzkurven, Frequenzgang............ 155
9.5 Parallelresonanz: Dualitätsprinzip, Messung von Resonanzvorgängen 158
9.6 Dynamische Eigenschaften elektrotechnischer Bauteile 161

Tafel I: Modell einer Wasserkraftlange 14/I
Tafel II: Coulombs und Ohms Gesetze II/15
Tafel III: Elektrische Primärelemente 32/III
Tafel IV: Das magnetische Wircelfeld 74/IV
Tafel V: Das elektrische Wirbelfeld V/75

Vorschau auf Elektrotechnik, II. Teil ....

1. Der Transformator ....
2. Drehtransformator und Asynchronmaschine ....
3. Synchronmaschine und Gleichstrommaschine................
4. Elemente der Schalt- und Steuerungstechnik I ....
5. Der Stromrichter ....
6. Grundzüge der Antriebstechnik............................
7. Elemente der Schalt- und Steuerungstechnik II ....
8. Messtechnik II ....

1. Einige Begriffe aus der Elektrizitätslehre

1.1 Zur Vorstellung von Strom, Spannung, Leistung: Elektrizität als Energieträger

Man begegnet der Elektrotechnik in Systemen, wo „der Strom" als Energie*träger* verschiedene Objekte wie Generatoren, Motoren oder Widerstände als Energie*tauscher* zum Funktionieren bringt. Die elektrische Energie stellt deshalb eine besonders hochwertige Aktivitätsreserve dar,

1. weil man sie leicht transportieren kann,
2. weil man sie besonders wirkungsvoll und sauber umformen kann,
3. weil man sie besonders gut messen, steuern und regeln kann.

Am Beispiel einer in Tafel I vereinfacht dargestellten Wasserkraftanlage können Sie erkennen, dass der elektrische Kreislauf (genannt Stromkreis) als Glied einer Energie-Umwandlungskette aufgefasst werden kann, welches durchaus mit dem Wasserkreislauf zu vergleichen ist. Der Wasserkreislauf enthält allerdings 2 Halbkreise,

1. den offenen Kreislauf, bestehend aus Staubecken (als Strömungsquelle), Turbine und Unterwasserreservoir (z.B. auf Meeresniveau),
2. einen meteorologischen Primärprozess, bestehend aus dem durch die Sonne erzeugten Wasserdampf und den aus den Wolken ausgefällten Niederschlägen, welche den Kreisprozess abschliessen.

Demgegenüber ist ein elektrischer Stromkreis viel übersichtlicher:

1. Einige Begriffe aus der Elektrizitätslehre

Direkte Stromspeicher kommen nicht vor, das elektrische System ist a priori geschlossen, und der elektrische Strom ist an jeder Stelle des Kreislaufs derselbe.

Während also via Antriebswelle von der Turbine T zum Generator G (als „elektrische Quelle"), sowie auch via Wärmeleitung oder -strahlung vom Heizwiderstand aus ein kontinuierlicher Energiefluss (= Leistung P) festgestellt werden kann, verbraucht sich keiner der beiden Energieträger, Wasser oder Elektrizität. Was sich verbraucht, ist lediglich der Energievorrat der Sonne. Es wird auch in jedem der Kreisläufe die Summe aus zugeführter und abgegebener Leistung kompensiert (Prinzip der Energieerhaltung in jedem Augenblick erfüllt), sodass man *als Kennzeichen des stationären Betriebs unabhängig von der Wahl des Kreislaufs* (Wasser oder Elektrizität) den konstanten Energieinhalt eines beliebigen Kreisprozesses in folgender Form schreiben kann:

$$\text{Energie} = \text{Menge} \times \text{Potential}$$

$$W = m \cdot \frac{W}{m} \tag{1.1}$$

Denkt man sich den über alle Systeme kontinuierlich strömenden Energiefluss an irgend einer Stelle unterbrochen (die Sonne werde ausgeschaltet, oder „das Wetter finde nicht statt"), so wird der Begriff der Leistung sichtbar als zeitliche Aenderung obenstehender Energiedefinition:

$$\text{Leistung} = \text{Mengenstrom} \times \text{Potential}$$

$$P = \frac{dW}{dt} = \frac{dm}{dt} \cdot \frac{W}{m} \tag{1.2}$$

Tafel I soll Ihnen nun eine anschauliche Vorstellung darüber vermitteln, was man sich unter den Begriffen des elektrischen Stroms und der elektrischen Spannung vorzustellen hat, wenn man diese Grössen mit den analogen Begriffen des hydraulischen Kreislaufs vergleicht. Zur Standortbestimmung der Masseinheiten mag die Feststellung genügen, dass wir es in der Elektrotechnik mit dem MKS-System (Meter, Kilogramm,

(1.1) Elektrizität als Energieträger

Sekunde) zu tun haben, wobei aber dieses Mass-System durch die beiden spezifisch elektrischen Einheiten Ampere und Volt zu einem handlichen Instrumentarium ergänzt worden ist. Tatsächlich lassen sich alle elektrischen Einheiten aus den 4 Grundgrössen Ampere, Volt, Meter, Sekunde in einfacher Weise ableiten. Für den Zusammenhang der elektrischen Grössen mit anderen Systemen, z.B. mechanischen oder thermischen, genügen wenigstens die folgenden beiden Energiebeziehungen:

$$1 \text{ V} \cdot 1 \text{ A} = 1 \text{ W} = 1 \text{ Nm/s} \tag{1.3}$$

$$1 \text{ kWh} = 860 \text{ kcal}$$

Es ist des weiteren üblich, für dezimale Vielfache die folgenden Abkürzungen zu verwenden:

T	(Tera)	$= 10^{12}$	z. B. $1 \text{ TW} = 10^{12} \text{ W}$
G	(Giga)	$= 10^{9}$	
M	(Mega)	$= 10^{6}$	
k	(Kilo)	$= 10^{3}$	
m	(Milli)	$= 10^{-3}$	
μ	(Mikro)	$= 10^{-6}$	
n	(Nano)	$= 10^{-9}$	
p	(Piko)	$= 10^{-12}$	

Zahlenbeispiel 1

Stellen Sie sich gemäss Tafel I einen Stausee mit $h = 100$ m Höhendifferenz vor (≈ 10 at Druck am Eintritt der Turbine $\approx$ auf Meeresniveau). Dann wird, spezifische Dichte des Wassers $= 1$ zu setzen:

Potential (differenz)   el. Spannung

$p = gh = 10^6 \dfrac{\text{N}}{\text{m}^2}$ vergleiche $U = 1 \text{ kV}$

Fördermenge   elektr. Strom

$\dot{V} = \dot{m} = 10^{-3} \dfrac{\text{m}^3}{\text{s}}$ vergleiche $I = 1 \text{ A}$

Leistung

$$P = p \cdot \dot{V} = 10^6 \frac{\text{N}}{\text{m}^2} \cdot 10^{-3} \frac{\text{m}^3}{\text{s}} = 10^3 \frac{\text{Nm}}{\text{s}} = 1\,\text{kW}$$

1.2 Laminare Flüssigkeitsströmung und Ohmsches Gesetz

Wärme entsteht durch irreversible (nicht umkehrbare) Prozesse, wie z.B. mechanische Reibung. Natürlich könnte man die Leistung von $P=1$ kW direkt aus dem Wasserkreislauf in Wärme überführen dadurch, dass an das Staubecken von Tafel I eine Art Bewässerungssystem nach Tafel II angeschlossen ist, welches aus 200 Rohren von 4 mm Weite und 1 km Länge je 5 cm³/s Wasser spenden würde. Das Wasser läuft aus den offenen Rohrenden ganz gemütlich (ohne Energie) heraus, während der Druckverlust von 100 m $\triangleq$ 10 at gerade durch die Reibungsverluste aufgezehrt wird. Selbstverständlich wird durch die Reibung Wärme erzeugt, allerdings in einer Form, welche jede Nutzanwendung praktisch ausschliessen würde.

Zahlenbeispiel 2

Insgesamt beträgt die Fördermenge des Rohrleitungssystemes $\dot{V}=200 \cdot 0{,}005 = 1$ l/s (gleiche Menge wie Turbine nach Beispiel 1). Je Sekunde entsteht also eine Wärmemenge von

$$\dot{W} = \frac{1\,\text{kWh}}{3600\,\text{s}} = \frac{860\,\text{kcal}}{3600\,\text{s}} = 0{,}24\,\frac{\text{kcal}}{\text{s}}$$

Gemäss Definition der Kilocalorie wird das ausströmende Wasser um nur 0,24 °C wärmer sein als im Staubecken. Sie könnten nicht einmal einen Kaffee kochen, obwohl doch die Leistung von $P=1$ kW für eine mittlere Kochplatte ausreichen würde.

MODELL EINER WASSERKRAFTANLAGE

= Kette von Kreislaufprozessen zwecks
Umwandlung und Transport von ▶ ENERGIE

analoge Begriffe ▶ hydraulischer Kreislauf, Wasser als Träger ▶ elektrischer Kreislauf, Elektrizität als Träger

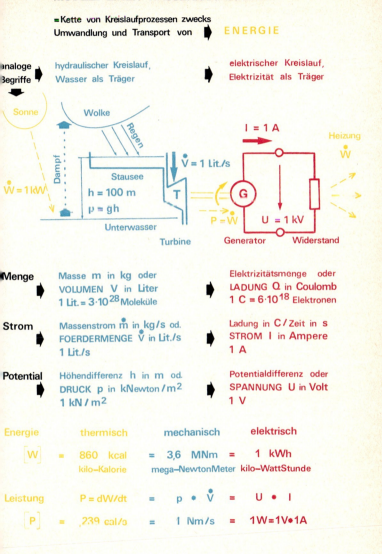

Menge ▶	Masse m in kg oder VOLUMEN V in Liter 1 Lit. = 3·10²⁸ Moleküle	Elektrizitätsmenge oder LADUNG Q in Coulomb 1 C = 6·10¹⁸ Elektronen
Strom ▶	Massenstrom ṁ in kg/s od. FOERDERMENGE V̇ in Lit./s 1 Lit./s	Ladung in C/Zeit in s STROM I in Ampere 1 A
Potential ▶	Höhendifferenz h in m od. DRUCK p in kNewton/m² 1 kN/m²	Potentialdifferenz oder SPANNUNG U in Volt 1 V

Energie	thermisch	mechanisch	elektrisch
[W] =	860 kcal kilo-Kalorie	3,6 MNm mega-NewtonMeter	1 kWh kilo-WattStunde
Leistung	$P = dW/dt$ =	$p \cdot \dot{V}$ =	$U \cdot I$
[P] =	,239 cal/s =	1 Nm/s =	1 W = 1 V · 1 A

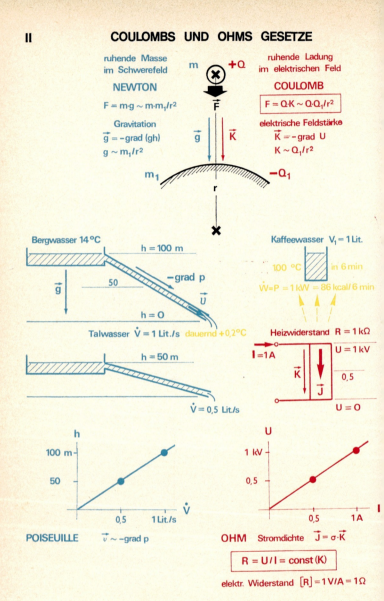

(1.2) Laminare Flüssigkeitsströmung und Ohmsches Gesetz

Sie mögen an Hand von Beispiel 2 erkennen, dass es tatsächlich einen Sinn hat, in den Prozessablauf Sonne→Kaffeewasser einen elektrischen Stromkreis einzugliedern. Könnte doch der Widerstand einer elektrischen Kochplatte *die vom Energieträger Wasser unabhängige Wassermenge* von gerade $V_1 = 1$ l relativ rasch zum Kochen bringen. Beispielsweise braucht man für die Erwärmung von 1 l 14-grädigem Bergwasser auf 100 °C genau $100 - 14 = 86$ kcal $= 1/10$ kWh. Das Kaffeewasser ist also nach $1/10$ h $= 6$ min bereit.

Eine genügend langsame Wasserströmung ist charakterisiert durch das einfache Kräftegleichgewicht

1. einer Antriebskraft dF_1, hervorgerufen durch den Druck- bzw. Energieverlust (=Schwerkraftkomponente der Erdbeschleunigung), und
2. einer zähigkeitsbedingten (η) und geschwindigkeitsproportionalen (v) Reibungskraft dF_2.

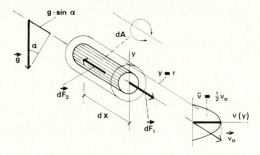

Fig. 1: Laminare Strömung in einem Wasserrohr

An einem zylindrischen Elementarvolumen (Radius y, Länge dx) ergeben sich nämlich die *Schwerkraftkomponente:*

$$dF_1(y) = g \sin \alpha \cdot dm = g \sin \alpha \cdot \pi y^2 \, dx \qquad (1.4)$$

die *Scherkraft:*

$$dF_2(y) = \eta \frac{dv}{dy} \cdot dA = \eta \frac{dv}{dy} \cdot 2\pi y \, dx \qquad (1.5)$$

daraus eine einfache Diff.gleichung (Gl. 1.4 u. 1.5 gleich gesetzt $dF_2 = dF_1$):

$$2\eta\, dv = g \sin \alpha \cdot y\, dy$$

deren Lösung eine parabolische Verteilung mit den Werten $v_0 = \max$ in der Mitte und $v = 0$ bei $y = r$ ergibt:

$$v(y) = v_0 \left(1 - \frac{y^2}{r^2}\right) \tag{1.6}$$

sowie mittlere Geschwindigkeit $\bar{v}$:

$$\dot{V} = \pi r^2 \cdot \bar{v} = \int_0^r 2\pi v_0 \left(1 - \frac{y^2}{r^2}\right) y\, dy = \pi r^2 v_0 \left(1 - \frac{1}{2}\right)$$

$$\bar{v} = \frac{1}{2} v_0 \tag{1.7}$$

Das gesamte Strömungsprofil übt eine Kraft $dF_1(r)$ aus, welche durch die Rohrwandungsreibung $dF_2(r)$ aufgefangen wird:

$$dF_2(r) = dF_1(r)$$

Setzt man hierin den Diff.quotienten $\dfrac{dv}{dy}(r)$ aus Gl. 1.6 ein, so gilt:

$$-4\bar{v}\frac{\eta}{r} 2\pi r\, dx = \underbrace{g \sin \alpha \cdot \pi r^2\, dx}$$

$$-|\text{grad } p| = -\frac{dp}{dx} = -\frac{8\eta}{r^2} \cdot \bar{v}$$

Druckabfall:

$$\Delta p = \underbrace{\left(\frac{8\eta}{r^2}\right) \cdot \frac{x}{\pi r^2}}_{\text{Rohrkonstante}} \cdot \dot{V} \tag{1.8}$$

Tatsächlich wird, wie in Tafel II dargestellt, in elektrischen Stromkreisen zwischen Spannung und Strom ebenfalls eine lineare Beziehung festgestellt. Der Proportionalitätsfaktor heisst „der Widerstand". Er ist definiert durch das

(1.2) Laminare Flüssigkeitsströmung und Ohmsches Gesetz

Ohmsche Gesetz:

$$R = \frac{U}{I}$$

$$[R] = 1\,\Omega\,(\text{Ohm}) = \frac{1\,\text{V}}{1\,\text{A}} \tag{1.9}$$

Der Ausdruck Widerstand ist aber doppeldeutig insofern als er auch für die apparative Einrichtung verwendet wird, welche elektrische Energie in Wärme verwandelt. Unter einer solchen Einrichtung hat man sich z.B. einen langen zylindrischen Draht vorzustellen, welcher meistens auf einen keramischen Träger aufgewickelt wird. Der Widerstand als Bauelement muss, um eindeutig bestimmt zu sein, wenigstens die folgenden beiden Aufschriften tragen:
1. den Widerstandswert (Ohmzahl)
2. die zulässige Wärmeproduktion in W

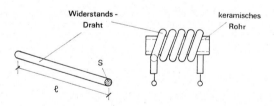

Fig. 2: Der Widerstand als elektrisches Bauelement

Der Widerstandswert des Widerstandsdrahtes berechnet sich nach der folgenden Formel:

$$R = \varrho \cdot \frac{l}{S} \tag{1.10}$$

spezifischer Widst.:

$$[\varrho] = 1\,\Omega\,\text{cm} = 10^4\,\frac{\Omega\,\text{mm}^2}{\text{m}} \tag{1.11}$$

guter Leiter z.B. Kupfer $0{,}017 \dfrac{\Omega\,\mathrm{mm}^2}{\mathrm{m}}$

Heizleiter (NiCr u. FeCrAl)

$0{,}7 \ldots 1 \dfrac{\Omega\,\mathrm{mm}^2}{\mathrm{m}}$

1.3 Widerstand = Leitungselektronen im elektrischen Strömungsfeld

Die Vorstellung, dass der elektrische Strom analog dem Wasser durch einen Draht wie durch eine dünne Röhre hindurchgepresst wird, hinkt ein wenig, wie Sie vielleicht schon deshalb bemerkt haben, weil dem ϱ des Drahtmaterials ein $8\eta/r^2$ entsprochen hat. Lassen Sie mich deshalb jetzt auf den Leitungsmechanismus in einem Draht zu sprechen kommen, nicht zuletzt auch deshalb, um Sie mit der eigentlichen elektrischen Materie, den Elektronen, etwas näher bekannt zu machen.

In beiden Fällen, Wasser wie Elektrizität, ist ein Feld die Strömungsursache. Ganz allgemein hat man unter einem Feld einen beliebigen Zustandsraum zu verstehen. Wie Sie aus Tafel II entnehmen können, handelt es sich aber beim elektrischen Feld sowohl als auch beim Gravitationsfeld um Kraftfelder, insofern als die feldbeschreibende Grösse aus dem Kraftvektor besteht, welcher auf die Einheitsmenge (Ladung oder Masse) einwirkt. Mit dem Begriff der Feldstärke (z.B. $\vec{K}$) verbindet sich gleichzeitig der Begriff des Potentials, insofern als die sogenannten Potential- (= Höhen) linien mit einem Parameter angeschrieben werden können, welcher direkt als Mass der potentiellen Energie je Stromteilchen anzusehen ist. Diese Potentialfelder gehen auf das Newtonsche Massenanziehungsgesetz bzw. auf das Coulombsche Gesetz zurück, wobei jeweils der Ausdruck m_1/r^2 bzw. Q_1/r^2 ein Mass für die Feldstärke $\vec{g}$ bzw. $\vec{K}$ darstellt.

Bei entsprechender Geometrie, d. h. falls z.B. $Q_1 \to \infty$, $r \to \infty$ gesetzt werden darf, wird aus dem ursprünglich inhomogenen Kugelfeld einer punktförmigen Ladung das sogenannte homogene (=räumlich gleichmässig verteiltes) Feld, mit dem wir es oft zu tun haben.

Die Wasserströmung und die elektrische Strömung unterscheiden sich auf Grund eines verschiedenartigen Reibungsmechanismus. So stellen wir uns einen Kupferdraht als kristallines Gefüge aus Kupferatomen vor. Jedes dieser Kupferatome enthält eine kleine Welt für sich, die aus dem positiv geladenen Kern und aus den auf verschiedenen Schalen um den Kern kreisenden Elektronen besteht. Die äusserste Schale beherbergt ein Elektron mit sehr schwacher Kernbindung. Während der Atomrumpf (d. h. Kern + 28 Elektronen) je nach Temperaturzustand um eine stabile Lage des kristallinen Gitters mehr oder weniger starke elastische Schwingungen ausführt, kann sich das äussere Elektron (=Leitungselektron) leicht vom Kern lösen und entweder von einem zum anderen Atom oder durch die Zwischenräume des Strukturgitters vagabundieren. Dabei bleibt die Gesamtladung des Drahtes dauernd ausgeglichen, d. h. elektrisch neutral.

Die äusserst virulenten Leitungselektronen geraten auf ihren Wanderungen immer wieder in den Anziehungsbereich von Gitteratomen und werden von diesen „reflektiert", ähnlich wie eine vom Mond zurückkehrende Raumkapsel ausser in einem ganz bestimmten Winkel nach dem Eintauchen in die Atmosphäre reflektiert wird. Dabei werden zwischen Leitungselektronen und Atomen Impuls- und Energiebeträge ausgetauscht. Auf Grund dieser Wechselwirkung vollzieht sich in Metallen die *Wärmeleitung*. Wärmeleitung und elektrische Leitfähigkeit sind verwandte Eigenschaften von Metallen. *In einem elektrischen Feld parallel zur Drahtachse (x) werden die Leitungselektronen während ihrer freien Flugphase beschleunigt und nehmen Energie auf. Die zusätzlich zur thermischen Energie aufgenommene Energie wird bei dem nächsten Zusammenstoss an ein Gitteratom wieder abgegeben, wodurch dieses entsprechend Erhöhung seiner Temperatur stärker schwingt als vorher. Auf diese Weise erklärt sich die Wirkung eines elektrischen Heizwiderstandes.*

Aber nicht nur die Schwingungsintensität der Atome, sondern auch die kinetische Energie der Leitungselektronen sind

1. Einige Begriffe aus der Elektrizitätslehre

Folgen der Temperatur. Mit $k=$ Boltzmann-Konstante schreibt sich die *Energie eines Elektrons:*

$$W_{kin} = \frac{1}{2} m(v_x^2 + v_y^2 + v_z^2) = \frac{3}{2} kT \qquad (1.12)$$

Ohne besondere Vorzugsrichtung stellt die mittlere thermische Geschwindigkeit v_x des Elektrons den Quotienten dar aus einer mittleren freien Weglänge $\Delta x(T)$ und aus der Zeit zwischen aufeinanderfolgenden Kollisionen, ebenfalls eine Funktion der Temperatur $\Delta t(T)$. Wir wollen mit $v_d = \Delta v_x$ die

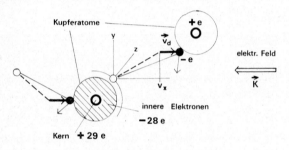

Fig. 3: Leitungselektronen und Atome

$v_x =$ thermische Elektronengeschwindigkeit (ohne Vorzugsrichtung, kein Vektor)
$\vec{v}_d =$ Driftgeschwindigkeit $\sim -e \cdot \vec{K}$ (elektr. Vorgang)

zusätzliche mittlere Geschwindigkeit durch Feldeinwirkung (=„Driftgeschwindigkeit") bezeichnen. Dann beträgt der mittlere Impulsgewinn eines Elektrons im Feld, gemäss Newtonschem Gesetz $F = m \cdot dv/dt$:

$$\Delta(mv_x) = mv_d = eK\Delta t \qquad (1.13)$$

und der Energiegewinn:

$$\Delta W_{kin} = \frac{1}{2} m\Delta(v_x^2 + v_y^2 + v_z^2)$$

$$= mv_d v_x$$

Gl. (1.13) eingesetzt: $\quad = eKv_x \Delta t \quad (= eK\Delta x) \qquad (1.14)$

(1.3) Leitungselektronen im elektrischen Strömungsfeld

Daraus geht hervor, dass die sogenannte Beweglichkeit $b = v_d/K$ höchstens eine Funktion der Temperatur sein kann, in Bezug auf die Feldstärke K jedoch konstant sein muss:

Siehe Gl. 1.13: $\quad mv_d = eK\Delta t$

$$b = \frac{v_d}{K} = \frac{e}{m} \cdot \Delta t\,(T) \qquad (1.15)$$

Enthält nun ein Längenelement dx eines Drahtes mit Querschnitt S je Volumeneinheit N Leitungselektronen, gemäss

$$dQ = eNS\,dx \qquad (1.16)$$

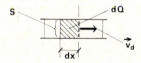

Fig. 4: Strom = Ladungsverschiebung je Zeit

so beträgt der durch den Querschnitt S hindurchgehende Ladungstransport (= Strom):

$$I = \frac{dQ}{dt} = eNS \cdot \frac{dx}{dt}$$

$$= eNS \cdot v_d$$

Gl. 1.15 eingesetzt: $\quad = eNb \cdot S \cdot K \qquad (1.17)$

$$= \underbrace{eNb \cdot \frac{S}{l}} \cdot U \qquad (1.18)$$

Leitwert: $\quad G = \dfrac{I}{U} = \dfrac{1}{R} \qquad (1.19)$

$$[G] = 1\text{ mho} = 1\text{ S (Siemens)}$$

Der Ausdruck eNb in Gl. 1.18 stellt eine reine Materialkonstante dar, die man als *elektrische Leitfähigkeit* bezeichnet:

$$\sigma = \frac{1}{\varrho} = eNb \qquad (1.20)$$

z.B. Kupfer: $= 10^4/0{,}017 = 58{,}5$ mho cm^{-1}

Das Ohmsche Gesetz braucht nicht auf zylindrische Leiter und homogene Strömungsfelder beschränkt zu werden. Sehen wir uns einmal das Strömungsfeld in einer ebenen Platte der Dicke d mit sich verjüngendem Querschnitt nach Fig. 5 an. In den Grenzen $1 < x/l < 2$ möge der Leiterquerschnitt einer hyperbolischen Funktion genügen, gemäss

$$S(x) = d \cdot 2y(x) = \frac{a\,dl}{x} = S_1 \cdot \frac{l}{x}$$

Dann ist *die Stromdichte:*

$$J = \frac{I}{S} \quad \text{in} \quad \frac{A}{cm^2} \qquad (1.21)$$

wegen der Kontinuität des Stromes $I(x) = $ const. unbedingt eine räumliche Funktion, nämlich:

$$J(x) = |\vec{J}| = \frac{I}{S_1} \cdot \frac{x}{l} = J_1 \cdot \frac{x}{l} \qquad (1.22)$$

Die Stromdichte mit linear ansteigendem Betrag nach Gl. 1.22 versteht sich (zufolge reiner Konvention auf positive Ladungsträger bezogen — historische Gründe) als gerichtete Grösse $\sim - \vec{v}_d$ parallel den Strom = Feldlinien. Das elektrische Strömungsfeld ist daher vollständig zu beschreiben durch 2 zueinander proportionale Vektoren $\vec{J}$ und $\vec{K}$, mit dem schon definierten Proportionalitätsfaktor σ gemäss Gl. 1.17:

Gl. 1.17 : S dividiert: $\qquad \vec{J} = \sigma \cdot \vec{K} \qquad (1.23)$

(1.3) Leitungselektronen im elektrischen Strömungsfeld

Dabei sind sinngemäss der kraftbezogene Feldvektor $\vec{K}$ mit dem Gravitationsvektor $\vec{g}$ (bzw. $-\operatorname{grad} p$) und der strömungsbezogene Vektor $\vec{J}$ mit dem Geschwindigkeitsvektor $\vec{v}$ einer Wasserströmung zu vergleichen.

Man erhält deshalb das elektrische Potential an irgend einem Orte x, gleichbedeutend mit der Spannung $U(x)$ gegenüber dem Leiteranfang als bestimmtes Integral der Feldstärke:

$$\vec{K} = -\operatorname{grad} U = -\frac{dU}{d\vec{x}}:$$

$$U(x) - \int_1^{x/l} K(x) \cdot l \, d\left(\frac{x}{l}\right) = \frac{J_1}{\sigma} \cdot \frac{l}{2} \left[\left(\frac{x}{l}\right)^2 - 1\right] \quad (1.24)$$

Wir wollen jetzt in der Darstellung $U(x)/U$ nach Fig. 5 die zur Spannung $U = U(l)$ gehörige Ordinate (100% $U = 1$)

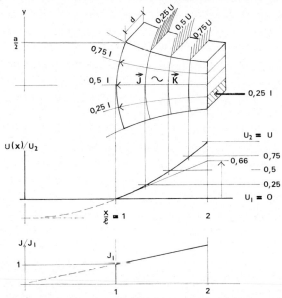

Fig. 5: Widerstandsplatte mit inhomogenem Feld

in gleichmässige Intervalle einteilen. Dann ergibt sich in den Schnittpunkten der parabolischen Potentialverteilung mit den Intervallgrenzen die Lage der jeweiligen Äquipotentialfläche. Die Gestalt dieser Flächen ist dadurch eindeutig bestimmt, dass in der Ebene *Feldlinien und Potentiallinien überall orthogonal* sein müssen gemäss Definition des Gradienten.

Das inhomogene Strömungsfeld weist neben der oben erläuterten Potentialverteilung auch eine ungleichmässige Verteilung der Leistungskonzentration (=örtliche Wärmeentwicklung) auf.

Leistungsdichte, homogenes Feld:

$$p = \frac{P}{V} = \frac{U}{l} \cdot \frac{I}{S} = K \cdot J$$

—, inhomogenes Feld:

$$p = \frac{dP}{dV} = \vec{K} \cdot \vec{J} = \sigma K^2 = \varrho J^2 \qquad (1.25)$$

Dass das Ohmsche Gesetz von Gl. 1.9 auch im inhomogenen Feld seine Gültigkeit behält, folgt ohne weiteres, wenn man anstelle von Gl. 1.10 die allgemeingültige Form einführt:

$$R = \frac{U}{I} = \Big[\int_{(l)} \vec{K} \cdot d\vec{x}\Big] \Big/ \Big[\int_{(S)} \vec{J} \cdot d\vec{S}\Big] \qquad (1.26)$$

Für den plattenförmigen Widerstand von Fig. 5 erhalten Sie nach Einsetzen von $I = S_1 J_1$ und U aus Gl. 1.24 in Gl. 1.26 den Wert

$$R = \frac{3}{2} \frac{l}{\sigma S_1}$$

was entsprechend durchschnittlicher Steigerung der Feldstärke eine 50%-ige Vergrösserung gegenüber der nicht verjüngten Platte bedeutet.

1.4 Temperaturkoeffizient des Widerstandes

Die Angabe eines Widerstandswertes ist im allgemeinen wertlos, wenn man nicht weiss, auf welche Temperatur sich die Angabe bezieht,

1. weil die meisten Widerstandsmaterialien ihre Leitfähigkeit mit der Temperatur verändern, siehe Gl. 1.15, und
2. weil ein Widerstand Wärme produziert und daher je nach Betriebsverhältnissen seine Temperatur **ändern muss**.

In der Regel bezieht man sich auf diejenige Temperatur, bei welcher die Messung des Widerstandswertes am leichtesten erfolgen kann, d. i. Raumtemperatur 20 °C. Versteht man unter ϱ_{20} den spezifischen Widerstand bei Raumtemperatur, so darf man *bei geringen Temperaturänderungen* (auf alle Fälle nicht mehr als ± 20 °C) linear umrechnen. Man erhält den spez. Widerstand $\varrho(\vartheta)$ bei irgend einer Celsius-Temperatur ϑ zwischen 0...40 °C mithilfe des Temperaturkoeffizienten (TK) α_{20} wie folgt:

$$\Delta\vartheta = \vartheta - 20 \,°C \rightarrow \quad \varrho(\vartheta) = \varrho_{20}(1 + \alpha_{20} \cdot \Delta\vartheta) \tag{1.27}$$

	α_{20} in °C^{-1}	ϱ_{20} in $\Omega\,mm^2/m$
Silber		0,016
Kupfer	$\approx 4\cdot 10^{-3}$	0,017
Aluminium		0,029
Manganin	$0,01\cdot 10^{-3}$	0,43
Konstantan	$-0,05\cdot 10^{-3}$	0,49
„Kohle"	$-0,02 \dots -0,8\cdot 10^{-3}$	60...80

Für grössere Temperaturabweichungen ist die Formel 1.27 nicht gut zu gebrauchen. Wir wollen 3 Gruppen von Leitern unterscheiden:

1. Bei den guten Leitern, i. allg. reine Metalle, existiert eine lineare Temperaturabhängigkeit (etwa $\varrho \sim T\,°K$)
2. Ausgesprochene Widerstandsmaterialien, i. allg. Metall-Legierungen mit kompliziertem für die Leitungselektro-

nen verhältnismässig undurchlässigem Gefüge, haben einen verhältnismässig temperaturunempfindlichen spez. Widerstand (etwa $\varrho \approx$ const.)

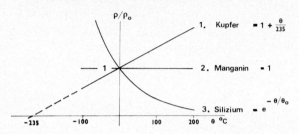

Fig. 6: Temperaturabhängigkeit des spezifischen Widerstandes

3. Andere, i. allg. nichtmetallische Leiter, insbesondere Halbleitermaterialien, weisen eine ausgesprochen stark negativ fallende Abhängigkeit auf

1) Cu: $$\frac{\varrho}{\varrho_0} = 1 + \frac{\vartheta}{235}$$

2) Manganin: $$\varrho = \text{const.}$$

3) Si: $$\frac{\varrho}{\varrho_0} = e^{-a\vartheta}$$

2. Der einfache elektrische Stromkreis

2.1 DIE IDEALE SPANNUNGSQELLE

Wir haben auf den Tafeln I und II gesehen, dass ein kontinuierlicher Wasserkreislauf zwischen einem Staubecken auf dem Potential $p=gh$ (z.B. 100 m Höhe) und einem Vergleichspotential (z.B. 0 m Höhe) nur mithilfe einer Energiequelle (z.B. die Sonne) aufrechterhalten werden kann, welche das Wasser entgegen dem Schwerefeld der Erde wieder ins Bassin zurückbefördert. So muss es auch zwischen den Anschlussklemmen eines elektrischen Widerstandes (auf Potential $+U$ und beispielsweise Masse $=0$) eine Einrichtung geben, welche mit einem ausserhalb des Stromkreises liegenden Energievorrat Verbindung hat.

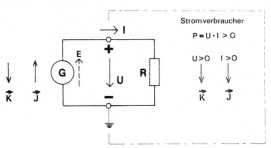

Fig. 7: Zählpfeile für Strom und Spannung, Definition der „Verbraucherleistung"

Wir wollen zwischen dem „höchsten und dem niedrigsten" Punkt eines Stromkreises, von $+$ nach $-$ gerichtet, einen Pfeil einzeichnen und mit U anschreiben. *Dieser Pfeil ist kein Vektor; er symbolisiert eine angenommene zugeordnete Feldrichtung*

2. Der einfache elektrische Stromkreis

$\vec{K}$, wobei die Spannung = Potentialdifferenz = bestimmtes Linienintegral als Skalar herauskommt:

$$U = \int_{+}^{-} \vec{K} \cdot d\vec{s} \qquad (2.1)$$

Der mit einem Skalar angeschriebene Pfeil heisst *Zählpfeil*. Er bezeichnet die Richtung des zugeordneten Feldes $\vec{K}$ *nur unter der Bedingung, dass die Zahl U positiv ist*. Die gleiche Bemerkung gilt bezüglich des Strom-Zählpfeiles I, welcher als mit dem zugehörigen Stromdichevektor $\vec{J}$ verbunden anzusehen ist, siehe Definition von Strom und Spannung nach Gl. 1.26. Kommt in irgend einer skalaren Rechnung U oder I negativ heraus, so bedeutet das, dass man die angenommene Richtung umzukehren hat.

Zwei Gesichtspunkte, welche wir später als die Kirchhoffschen Regeln bezeichnen werden, begründen die Zuordnung eines Generators G zu einem Verbraucher R ganz eindeutig:

1. Der elektrische Stromkreis ist quellfrei, was soviel besagt wie die schon früher ausgesprochene Kontinuitätsbedingung:

$$I_G = I_R \equiv I \text{ (idealer Kreislauf)} \qquad (2.2)$$

2. Die elektrische Feldstärke $\vec{K}$ hingegen beschreibt ein Quellenfeld, siehe Coulombsches Gesetz in Tafel II (die K-Linien enden in den Klemmen; sie erstrecken sich zwischen dem höchsten und dem niedrigsten Potential, während die J-Linien eben nicht enden sondern im Kreis herum führen). Quellenfelder sind a priori als wirbelfrei zu bezeichnen:

$$\oint \vec{K} \cdot d\vec{s} = 0 \text{ (Wirbelfreiheit)} \rightarrow$$

$$U_G = U_R \equiv U \text{ (Spannung eindeutig)} \qquad (2.3)$$

Während also im Widerstand $\vec{J} \!\upharpoonleft\!\!\upharpoonright\! \vec{K}$, gilt automatisch im Generator $\vec{J} \!\upharpoonleft\!\!\downharpoonright\! \vec{K}$ und $\vec{J} \cdot \vec{K} < 0$ (Erzeugerleistung negativ gerechnet). Dabei befindet sich eine vereinbarungsgemäss positiv gerechnete Ladung Q innerhalb des Generators im Gleichgewicht zwischen zwei Zugkräften, oder zwischen entgegengesetzt gleichen Einflüssen des bekannten Potentialfeldes $\vec{K}$ und eines „inneren Ersatzfeldes" $\vec{K}_i$. Wir bezeichnen das Linienintegral

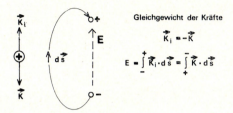

Fig. 8: Definition der EMK

der Ersatzfeldstärke als elektromotorische Kraft (EMK) und zeichnen den Zählpfeil der EMK grundsätzlich wie in Fig. 7 aus dem Generator heraus wirksam.

Gleichgewicht der Kräfte:

$$\vec{K}_i = -\vec{K}$$

$$E = \int_{-}^{+} \vec{K}_i \cdot \mathrm{d}\vec{s} = \int_{+}^{-} \vec{K} \cdot \mathrm{d}\vec{s} = U$$

Die den Generator kennzeichnende EMK stellt das Energieäquivalent (je Ladungseinheit) für ein beliebiges stromkreisexternes Zweitsystem dar.

Anmerkung: Von Spannungen als von Kräften zu sprechen, ist im physikalischen Sinne nicht ganz exakt: es ergibt aber einen Sinn, wenn Sie mit Tafel I den Druck eines hydraulischen Vorstellungsmodells als Druckkraft auffassen (Querschnitt $S = 1$ gesetzt).

Die meisten elektrischen Quellen (= Generatoren) stellen im Gegensatz zu einem Widerstand *reversible Energietauscher* dar, sodass unter Umständen ein Generator zum Motor oder umgekehrt werden kann. Lassen Sie mich diese Behauptung kurz erläutern:

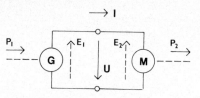

Fig. 9: Reversible Energiewandler
(z.B. elektrische Maschinen)

Wird beispielsweise der Prozess in Fig. 9 stromlos geführt ($I=0$), so ist die Leistungsrichtung noch nicht definierbar. Mit den oben gezeichneten Spannungszählpfeilen ist jedoch trotzdem, unabhängig von I, die Bedingung

$$E_1 = E_2 = U$$

zu erfüllen. Sobald der Strom zu fliessen beginnt, wird automatisch je ein Generator und ein Motor entstehen. Die Leistungsrichtung hängt dann nur noch von der Stromrichtung ab. Falls aber Strom und Leistung der angenommenen Zählpfeilrichtung entgegengesetzt verlaufen, d. h. falls

$$I < 0, \quad P_1 < 0, \quad P_2 < 0$$

sind demnach Motor- und Generatorsymbole in Fig. 9 zu vertauschen.

2.2 Beispiele elementarer Gleichspannungserzeuger

Metallatome besitzen eine äusserste nur schwach besetzte Elektronenschale. Die auf dieser Schale angeordneten sogenannten Valenzelektronen haben eine sehr schwache Kernbindung, sodass verhältnismässig geringe Kräfte genügen, um die Valenzelektronen entweder für chemische oder elektrische Prozesse dienstbar zu machen. Besagte Kräfte treten auf im Nahfeld der stabileren Elektronenkonfigurationen (=unterschiedlich grosse Abstossung durch die Elektronensysteme benachbarter Atome oder -gruppen). Das Ergebnis der atomaren Umwandlung besteht in einem positiv geladenen Metallion (=Kation) und einem negativ geladenen Nichtmetall-Ion (=Anion), die jetzt beide nur voll besetzte äussere Schalen aufweisen (sogenannte stabile Edelgaskonfiguration).

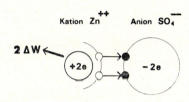

Fig. 10: Wärmetönung
einer chemischen Umwandlung

Hängt man beispielsweise eine Zinkplatte in ein schwefelsaures Bad, so neigt das Zinkatom dazu, zwei Valenzelektronen abzugeben. Dabei entstehen Zinksulfat und Wasserstoff *plus Wärme:*

$$Zn + H_2SO_4 \rightarrow ZnSO_4 + H_2 + 2\Delta W \qquad (2.4)$$

Die entstandene Wärme deutet an, dass der exotherme Vorgang zu einer energieärmeren Verbindung geführt hat (Energiearmut=Stabilität). Dabei hat der Wasserstoff keinerlei Affinität zum Zink. Es sind vielmehr elektrisch Gründe, welche das Wasserstoffion der Schwefelsäure zur Wiederaufnahme eines Elektrons drängt (=Neutralisation). Eine zweite Platte z.B. aus chemisch nicht aktivem Platin könnte das fehlende Elektron liefern, wodurch der Wasserstoff nicht an der Zinkplatte, sondern an der Platinplatte entweicht. Wir nennen die aus zwei Elektroden verschiedener Metalle und einem flüssigen Ionenvorrat (=Elektrolyt) bestehende Einrichtung ein "Element", in welchem anstelle der positiven Wärmetönung jetzt je Ladungsträger elektrische Energie des Betrags ΔW erzeugt werden kann. Das Äquivalent dieser Energie ist eine elektromotorische Kraft, welche äusserlich (z.B. mit einem Voltmeter) durch die Existenz einer Spannung zwischen der Elektronen spendenden negativen Zinkplatte (Anode = Zielort der Anionen) und dem Elektrolyten nachzuweisen ist.

In der grundsätzlichen Darstellung des Vorgangs nach Tafel III sei die Reaktion

$$Zn + H_2SO_4 \rightarrow ZnSO_4 + 2H^+ + 2e^- + 2\Delta W \quad (2.5)$$

aufgefasst als negative Elektrisierung der Anode und *gleichzeitig positive Ionisierung* des Elektrolyten und der mit diesem verbundenen Platte (Kathode = Zielort der Kationen). Legt man das Potential des Elektrolyten willkürlich zu $U = 0$ fest, so folgt das Anodenpotential aus einer Energiebilanz der Elektrizitätsträger (vergleiche Bernoulli-Gesetz in der Hydromechanik):

frei gesetzte   Änderung der
elektrische Energie   Bindungsenergie
→ elektr. Potential   → chem. Potential

$$e \cdot U_{ch} + \Delta W = 0 \quad (2.6)$$

Anmerkung: Erzeugung und Verbrauch elektrischer Energie verlaufen gewissermassen in verschiedenen Ebenen oder tröpfchenweise nacheinander, wie in Tafel III durch die bildhafte Vorstellung einer Kolbenpumpe angedeutet wird. Das hydraulische Modell enthält zu diesem Zweck einen Ventilkegel. Nach jedem geförderten Wassertropfen (Arbeitshub) muss der Kolben wieder zurückgezogen werden, bis der Wasserstand in Zylinder und Arbeitsgefäss wieder das ursprüngliche Niveau angenommen hat.

Wenn man die bei der chemischen Auflösung der Zinkplatte frei gesetzten Ladungen über einen Widerstand abfliessen lässt, so besteht der Ladungstransport im äusseren Stromkreis (Widerstand) nur aus negativen Elektronen, im Elektrolyten jedoch auch aus posi-

ELEKTRISCHE PRIMÄRELEMENTE III

chemisch oder thermisch bedingte Veränderungen im Energiehaushalt der Träger bewirken Potentialverschiebungen und elektromotorische Kräfte (EMK): $\Delta W \to e \cdot E$

Hydrostatik:
BERNOULLI $\sum \Delta W/V = 0 \to g\Delta h + \Delta p = 0$

Elektrochemie:
$\sum \Delta W/e = 0 \to U_{ch} + \Delta W/e = 0$

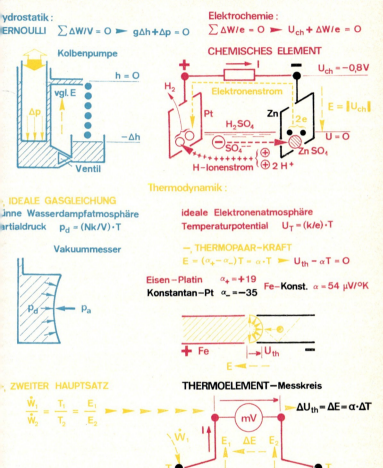

Kolbenpumpe

CHEMISCHES ELEMENT $U_{ch} = -0{,}8 V$

$E = |U_{ch}|$

$U = 0$

IDEALE GASGLEICHUNG
dünne Wasserdampfatmosphäre
Partialdruck $p_d = (Nk/V) \cdot T$

Vakuummesser

Thermodynamik:

ideale Elektronenatmosphäre
Temperaturpotential $U_T = (k/e) \cdot T$

—, THERMOPAAR-KRAFT
$E = (\alpha_+ - \alpha_-)T = \alpha \cdot T \to U_{th} - \alpha T = 0$

Eisen–Platin $\alpha_+ = +19$
Konstantan–Pt $\alpha_- = -35$ Fe–Konst. $\alpha = 54\ \mu V/°K$

ZWEITER HAUPTSATZ

$$\frac{\dot W_1}{\dot W_2} = \frac{T_1}{T_2} = \frac{E_1}{E_2}$$

THERMOELEMENT–Messkreis

$\Delta U_{th} = \Delta E = \alpha \cdot \Delta T$

(2.2) Beispiele elementarer Gleichspannungserzeuger

tiv geladenen H-Ionen, welche nach ihrer Wanderung zur Kathode dort als Wasserstoff-Gas ausgeschieden werden. Wir haben es also beim elektrochemischen Element (ganz allgemein) mit einem Prozess zu tun, welcher elektrische Ladungen transportiert und Wasserstoff verbraucht; Wasserstoff entziehende Prozesse werden in der Chemie auch als Oxidationsvorgang bezeichnet.

Kehrt man die Stromrichtung des elektrochemischen Elements in Tafel III um (was mithilfe eines Generators im äusseren Stromkreis geschehen kann), so entsteht eine *galvanische Zelle*, welche den Stofftransport zum Ziel hat. Auch reversible Einrichtungen kommen vor, welche zum Zweck elektrochemischer Energiespeicherung gebaut werden. Wir nennen eine solche Einrichtung, die wir an einer Stromquelle laden müssen (=chem. Reduktion) und über einen Widerstand wieder entladen können (=chem. Oxidation), einen *Akkumulator*.

Bei geeigneter Zusammensetzung des Elektrolyten, z.B. $H_2SO_4 + CuSO_4$, lässt sich die galvanische Zelle siehe Fig. 11 zur Veredlung von Metallen einsetzen. So wird z.B. in grosstechnischen Verfahren Kupfer als Raffinadeprodukt auf einem als Minusplatte geschalteten Blech abgeschieden, während unedle Beimengungen wie z.B. Blei im Bad und edlere (=elektropositivere) Bestandteile wie Gold und Silber als Rückstand auf der sich auflösenden Rohanode verbleiben.

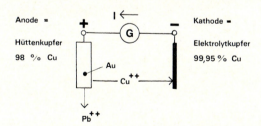

Fig. 11: Galvanische Veredlung des Kupfers
(galvanische Zelle = Prozessumkehr des elektrochemischen Elements: Anode ⇌ Kathode = Minus Element ⇌ Zelle)

Wenn wir in der Elektrotechnik von Kupfer sprechen, so ist meistens das sogenannte Elektrolytkupfer mit mindestens 99,95% Reinheit gemeint. Der Elektrolyseprozess hat ausser für die Metallgewinnung (z.B. Aluminium) und -Veredlung eine grosse Bedeutung für die galvanische Oberflächenveredlung.

Als weiteres Beispiel eines elementaren Gleichspannungserzeugers ist in Tafel III das sogenannte Thermoelement dargestellt. Als Energieumsetzer hat die Prozessumkehr zu nützlichen Laboranwendungen geführt. Sind nämlich bestimmte materielle und konstruktive Voraussetzungen erfüllt, über die hier nicht berichtet werden soll, so lässt sich mithilfe eines eingeprägten Stromes in umgekehrter Richtung erreichen, dass auch die Wärmeströme $\dot{W}_1$ und $\dot{W}_2$ ihre Richtung ändern. Damit lässt sich eine kleine Kältemaschine (in Bezug auf den Kältepol $T_2 < T_1$) bzw. Wärmepumpe (in Bezug auf den Wärmepol T_1) realisieren. Wir nennen das umgekehrte Thermoelement ein *Peltierelement*.

Die Bedeutung der Thermoelemente liegt hingegen nicht bei den umgesetzten Energiebeträgen, sondern eher in dem ausserordentlich geringen Energieverbrauch auf dem Gebiet der *Temperaturmessung*. Für den sehr weit gestreuten Bedarf an Temperaturfühlern, welchen die Technik im Umgang mit der Wärme entwickelt hat, stehen eine ganze Reihe von handelsüblichen Thermodraht-Paarungen zur Verfügung. Hauptsächliche Kriterien zum zweckmässigen Einsatz sind ausser dem Preis der zulässige Temperaturbereich und die chemische Haltbarkeit bei den meist hohen Temperaturen.

Paarung	obere Temperaturgrenze ϑ_{max} [°C]	verträgliche Atmosphäre	differentielle Thermospannung dU_{th}/dT [µV/°K]
Eisen/Konstantan	600		54
Nickel/Nickel-Chrom	1000		40
Platin/Platin-Rhodium	1500	Luft/Sauerstoff	7
Wolfram/Wolfram-Rhenium	2500	Wasserstoff/Stickstoff	14

2.3 Die Kirchhoffschen Sätze: Parallel- und Reihenschaltung von Widerständen

Wir wollen mehrere Widerstände gleichzeitig an einer Batterie (=chem. Element) anschliessen. Die sogenannte Parallelschaltung ist normal für alle Stromverbraucher, die an einer bestimmten genormten Spannung betrieben werden müssen, wie z.B. alle Lampen in Ihrer Wohnung.

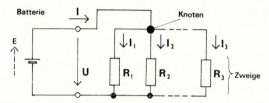

Fig. 12: Parallelschaltung von Widerständen

Fig. 13: Quellfreiheit des Strömungsfeldes

Der 1. Kirchoffsche Satz (Knotenregel) ist trivial. Er besagt, dass wenn man an irgend einem Verzweigungspunkt alle Zählpfeile des Stromes in Richtung auf den Knoten annimmt, die Summe der Ströme verschwinden muss (Quellfreiheit des Knotens = Kontinuitätsbedingung):

Knotenregel· $$\sum_{(j)} I_j = 0 \tag{2.7}$$

also wie vorausgesehen

$$I = -(I'_1 + I'_2 + I'_3) = I_1 + I_2 + I_3. \tag{2.8}$$

Der 2. Kirchoffsche Satz erlaubt mehrere Interpretationen; wir werden ihn stufenweise erläutern. Der Satz lautet

Maschenregel: $\quad \sum\limits_{(k)} E_k = \sum\limits_{(m)} R_m I_m$ \hfill (2.9)

Er besagt

1. Gleichgewicht der resultierenden EMK

$$E = \oint \vec{K}_i \cdot d\vec{s} = \sum E_k$$

mit der Summe aller Teil-Spannungsabfälle

$$U = \oint (\vec{K} - \vec{K}_i) \cdot d\vec{s} = \sum U_m$$

2. Vertauschbarkeit der Elemente und Widerstände.

Der zu untersuchende Stromkreis enthalte vorläufig ein Element (als aktiven Zweipol) und die Parallelschaltung mehrerer Widerstände (als passiven Zweipol). Beide Zweipole an den Klemmen + und − zusammengeschaltet bilden den Stromkreis. Unter einer Masche verstehen wir einen vollständigen gleichsinnigen Umlauf innerhalb des Stromkreises. Jeder mögliche Umlauf bestätigt die Wirbelfreiheit des elektrischen Feldes, also gemäss Fig. 14

$$\oint \vec{K} \cdot d\vec{s} = R_m I_m - U = 0$$

$$U = R_m I_m \hfill (2.10)$$

Bezieht man nacheinander je einen der Widerstände $R_1 \dots R_3$ in den Maschenumlauf ein, so folgt, dass in Parallelschaltung alle Widerstände an der gleichen Spannung liegen

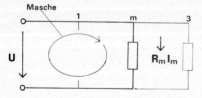

Fig. 14: Wirbelfreiheit der elektrischen Feldstärke

müssen. Für die Ermittlung des Ersatzwiderstandes (=ein einziger Widerstand anstelle der äquivalenten Parallelschaltung) geht man zweckmässigerweise über die Leitwerte:

$$I = I_1 + I_2 + I_3 \quad \text{(Knotenregel)}$$

$$\frac{I}{U} = \frac{I_1}{U} + \frac{I_2}{U} + \frac{I_3}{U}.$$

Ersatzleitwert

der Parallelschaltung: $\quad G = \sum_{(m)} G_m.$ \hfill (2.11)

Ersatzwiderstand,

—, von nur 2 Widerständen:

$$R_{1\|2} = \frac{1}{G_{1\|2}} = \frac{1}{\frac{1}{R_1} + \frac{1}{R_2}} = \frac{R_1 \cdot R_2}{R_1 + R_2} \quad (2.12)$$

—, von 3 Widerständen: $\quad R = \dfrac{R_{1\|2} \cdot R_3}{R_{1\|2} + R_3}$ \hfill (2.13)

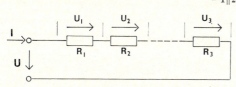

Fig. 15: Reihenschaltung von Widerständen

In der *Reihenschaltung* führen alle Widerstände den gleichen Strom I, daher gilt:

$$U = U_1 + U_2 + U_3 \quad \text{(Maschenregel)}$$

$$\frac{U}{I} = \frac{U_1}{I} + \frac{U_2}{I} + \frac{U_3}{I}$$

Ersatzwiderstand

der Reihenschaltung: $\quad R = \sum_{(m)} R_m$ \hfill (2.14)

Sie können nun auf Grund der Gl. 2.12 und 2.14 auch weitere Widerstandskombinationen ausrechnen, wie z.B. die nachfolgende *Reihen-Parallel-Schaltung:*

$$R = \frac{R_1 \cdot R_2}{R_1 + R_2} + R_3 \qquad (2.15)$$

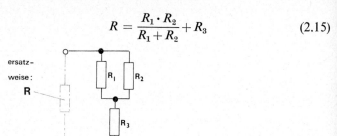

Fig. 16: Ersatzwiderstand einer einfach zusammengesetzten Konfiguration von Widerständen

2.4 REALE SPANNUNGSQUELLE UND ANPASSUNGSPRINZIP

Der 2. Kirchoffsche Satz sagt aus, dass in einem elementaren Stromkreis gemäss Fig. 17 die *Reihenschaltung zweier Quellen* mit einem einzigen Element

$$E = E_1 + E_2$$

identisch sei (1. Feststellung zur Maschenregel, siehe voriger Abschn.). Der Satz besagt weiter, dass die Änderung in der Reihenfolge von Widerständen und Quellen bezüglich des Stromes I solange keine Rolle spielt, als $\sum E_k$ und $R = \sum R_m$ erhalten bleiben (2. Feststellung).

Was der Satz nicht aussagt, ist die Tatsache, dass eine geänderte Reihenfolge von Bauelementen eine erhebliche Rolle bezüglich der Spannung U zwischen den Klemmen + und − spielen kann.

Die Darstellung der Klemmenspannung über dem Strom $U = U(I)$ heisst die „äussere Kennlinie" der Quelle. Ist der

(2.4) Reale Spannungsquelle und Anpassungsprinzip

gesamte Widerstand R wie in Fig. 17a dargestellt äusserlich zwischen die Klemmen geschaltet, so resultiert eine Kennlinie mit stromunabhängiger Spannung U=const.; solche Spannungsquellen können aber nur mithilfe einer Regelung oder einer Kompensation realisiert werden. Die reale Quelle dagegen enthält wie in Fig. 17b gezeigt einen inneren Widerstand R_i „vor den Klemmen". Der reale Betriebsfall mit der zugehörigen fallenden Kennlinie

$$U = E - R_i I \qquad (2.16)$$

kommt dadurch zustande, dass ein Teil des gesamten Widerstandes R in die Quelle hinein verlagert wird, was einer Verschiebung der Klemme + (siehe Fig. 17b:1) oder einer Vertauschung der Reihenfolge von E_1, R_i (siehe Fig. 17b: 2) entsprechen kann.

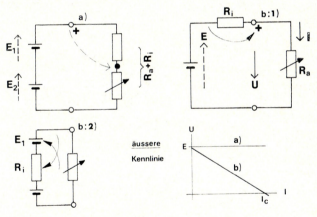

Fig. 17: Spannungsquelle
a) ideal, *b)* real

Die Kennlinie einer Quelle kann z.B. dadurch aufgenommen werden, dass man gleichzeitige Messungen von U und I in Abhängigkeit eines stufenlos verstellbaren äusseren Widerstandes R_a vornimmt. Wir unterscheiden zwei typische Belastungs-Grenzfälle, in denen die äussere Leistung beide Male Null wird:

a) Leerlauf
$$I = 0 \rightarrow P = 0$$
b) Kurzschluss
$$U = 0 \rightarrow P = 0$$

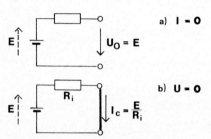

Fig. 18: Leistungslose Betriebzustände:
a) Leerlauf, b) Kurzschluss

Zwischen den obigen Grenzfällen gibt es einen endlichen Wert von R_a, für welchen die nutzbare Leistung ein Maximum erreicht. Wir nennen die zweckmässige Einstellung des äusseren Widerstandes, welche der Aufgabe einer Leistungsoptimalisierung gerecht wird, *Anpassung*. Die Anpassungsaufgabe kann auf folgende Weise anschaulich gelöst werden:

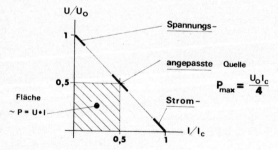

Fig. 19: Definition der Anpassung

(2.4) Reale Spannungsquelle und Anpassungsprinzip

Mit bezogenen Grössen U/U_0, I/I_c gerechnet, bildet die äussere Kennlinie zusammen mit zwei Koordinatenabschnitten der Länge 1 ein gleichschenklig-rechtwinkliges Dreieck. In diesem Dreieck erscheint die maximale äussere Leistung als grösstmöglicher Flächeninhalt des eingeschriebenen Koordinatenrechtecks, welches demnach zum Quadrat wird.

Anpassungsbedingung:

$$\frac{U}{U_0} = \frac{I}{I_c} = \frac{1}{2} \quad \rightarrow \quad R_a = R_i \qquad (2.17)$$

Anmerkung: Erinnern wir uns der Tatsache, dass die EMK das vollständige Energieäquivalent der primären (stromkreisexternen) Energiequelle darstellt. Wir wollen die Leistung des Primärerzeugers mit P_1 und die im inneren Widerstand verschwendete (nicht nutzbringend verwendbare) Leistung als Verlust P_v bezeichnen. Dann ergibt sich der sogenannte Wirkungsgrad als Verhältnis von elektrischer Nutzleistung P zu aufgewendeter Primärleistung P_1:

Wirkungsgrad der Spannungsquelle:

$P = P_1 - P_v \quad \rightarrow$

$$\eta = \frac{P}{P_1} = 1 - \frac{P_v}{P_1} = 1 - \frac{R_i I^2}{EI} = \frac{E - R_i I}{E}$$

$$\eta = \frac{U}{E} \qquad (2.18)$$

Wirkungsgrad und Verlustleistung ergeben sich daher

im Leerlauf:	$\eta = 1$	$P_v/P_{max} = 0$
bei Anpassung:	$= 0,5$	$= 1$
im Kurzschluss:	$= 0$	$= 4$

2.5 Stromqelle und Ersatz-Spannungsquelle

Analog zur Spannungsquelle, deren Kennzeichen im wesentlichen eine stromunabhängige EMK ist, kann man sich auch eine Quelle vorstellen, deren treibende Grösse in einem vom äusseren Widerstand R_a unabhängigen Strom besteht. Die Stromquelle weise im Idealfall eine äussere Kennlinie $I(U) = I_c = $ const. auf; wir nennen den Kurzschlusstrom der Quelle

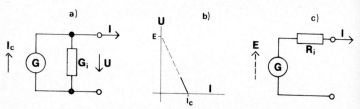

Fig. 20: a) Stromquelle b) Kennlinie c) Ersatz-Spannungsquelle

einen „eingeprägten Strom". Sollte sich aber, ähnlich wie in Fig. 17b für die reale Spannungsquelle gezeigt, die Stromkennlinie neigen, so wäre ein innerer Leitwert G_i vorzusehen.

Kennlinie einer realen Stromquelle:

$$I = I_c - G_i U \qquad (2.19)$$

Tatsächlich liegt nun zwischen Strom- und Spannungsquellen kein anderer Unterschied vor als der, dass man einmal weit unterhalb und das andere Mal weit oberhalb des Anpassungspunkts in Fig. 19 arbeitet. Trotzdem kann es sinnvoll sein, zu einer gegebenen Stromquelle die konventionelle Ersatzschaltung zu suchen. Die Aufgabe lautet dann: Finden Sie zu dem Wertepaar I_c, G_i einer Stromquelle die Kennzeichen E, R_i einer gleichwertigen Ersatz-Spannungsquelle!

Die EMK der Ersatzquelle ist gleich der Leerlaufspannung (äusserer Widerstand $R_a \to \infty$):

$$E = U_0 = \frac{I_c}{G_i} \qquad (2.20)$$

Im Kurzschluss ($R_a \to 0$) verschwindet der Leckstrom durch G_i. Daher gilt:

$$[I]_{U=0} = I_c = \frac{E}{R_i}$$

$$R_i = \frac{E}{I_c} = \frac{1}{G_i} \qquad (2.21)$$

2.6 Beispiele von Nichtlinearitäten, Konstantspannungs- und Konstantstromsystem

Nichtlinear heisst:
1. Das Ohmsche Gesetz verliert (teilweise) seine Gültigkeit
2. Die Kirchhoffschen Sätze gelten trotzdem, wenn man berücksichtigt

$$\sum E_k = \sum U_m \quad U_m = f(I_m) \text{ nicht unbedingt linear} \qquad (2.22)$$

Der Strom-Spannungszusammenhang einer Nichtlinearität kann entweder durch eine analytische Funktion oder durch

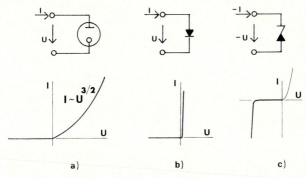

Fig. 21: Kennlinien nichlinearer Zweipole
a) Vakuumdiode = Elektronenröhre
b) gewöhnliche Halbleiterdiode = Gleichrichterventil
c) Zenerdiode (für Rückwärtsbetrieb)

eine Kennlinie gegeben sein. Beispiele für gewöhnliche passive (=nicht verstärkende oder erzeugende) Bauteile sind die sogenannten *Dioden* (=allgemeine passive Zweipole). Man unterscheidet z.B. Vakuum- oder Halbleiterdioden. Beide besitzen eine sogenannte „Richtkennlinie", mit mehr oder weniger starkem Knick im Koordinatenursprung. Der Kennlinienknick ist dafür verantwortlich, dass das Bauteil ähnlich wie ein hydraulisches Rückschlagventil im wesentlichen eine Vorzugsstromrichtung aufweist. Die Kennlinie der Diode besitzt einen Vorwärtsstrombereich mit geringem Spannungsabfall, und einen Rückwärtsspannungs- (oder Sperr) bereich mit sehr geringem Leckstrom. Die Vakuumdiode (=Elektronenröhre) wird in der Hochfrequenztechnik eingesetzt; sie besitzt einen weichen Knick entsprechend einer Potenzfunktion mit dem Exponenten 3/2, siehe Fig. 21*a*.

Die Halbleiterdioden sind von allgemeinerem Interesse. Sie besitzen einen sehr scharfen Knick in Nullpunktnähe und einen weiteren Knick im Rückwärtsbereich. Das Rückwärtsknie liegt im Falle von Leistungsgleichrichtern bei sehr hohen Sperrspannungen; es kann aber auch bei niedrigen Spannungen besonders scharf ausgebildet sein, siehe Fig. 21*c*. Im letzten Fall spricht man von einer *Zenerdiode*.

Die Zenerdiode wird u.a. zur Realisierung einer Konstantspannungsquelle eingesetzt. Um den stabilisierenden Effekt zu verstehen, denken wir uns zunächst die Klemmen + und − in Fig. 22 leerlaufend, d. h. mit einem äusseren Widerstand $R_a \to \infty$ abgeschlossen. Dann folgt die Spannung U

1. gemäss Maschenregel:

$$\left.\begin{array}{l} I = 0 \\ I_Z = I_{Z0} \end{array}\right\} \quad \to \quad \begin{array}{l} U + RI_Z = E \\ U = U_0 = E - RI_Z \end{array} \quad (2.23)$$

2. gemäss Kennlinie der Zenerdiode:

$$U = U_0 = f(I_Z) \quad (2.24)$$

Wir erhalten die Leerlaufspannung U_0 im Schnittpunkt der „Widerstandsgeraden" nach Gl. 2.23 mit der Kennlinie nach

(2.6) Nichtlinearitäten, Konstantspannung und -strom

Gl. 2.24 über dem Zenerstrom $I_Z = I_{Z_0}$. Wenn man jetzt den Widerstand R_a so einstellt, dass ein äusserer Strom I fliesst, so muss die Widerstandsgerade um den Betrag I nach links verschoben werden. Es tritt dann im neuen Schnittpunkt über I_Z gerade der richtige Spannungsabfall $R(I+I_Z)$ auf. Praktisch reduziert sich also die Stromaufnahme der Zenerdiode. Wäre

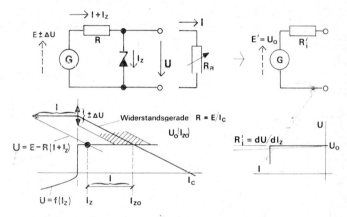

Fig. 22: Zenerdioden-Konstantspannungsquelle mit Ersatzschaltung

die Kennlinie der Zenerdiode genau rechtwinklig/abszissen-parallel, so würde ideale Zenerstabilisierung erfolgen, wegen:

$$I + I_Z \approx I_{Z_0} = \text{const.}$$

$$U = E - R(I + I_Z) \approx U_0 = \text{const.} \qquad (2.25)$$

Da die Zenerspannung unabhängig von der Spannungsquelle E ist, drückt sich eine starke Aenderung der Eingangsspannung $E \pm \Delta U$ in einer wesentlich geringeren Änderung der Ausgangsspannung aus, für welche letztlich nur noch der *differentielle Kennlinienwiderstand* als Innenwiderstand R'_i einer Ersatzspannungsquelle (U_0, R'_i) verantwortlich ist.

Die Realisation einer *Konstantstromquelle* wäre möglich mit einer gewöhnlichen Spannungsquelle und einem sehr grossen Widerstand, sodass $E \gg U$, $R_i \gg$; dieses Verfahren schliesst jedoch sehr grosse Verluste in sich ein.

Sehr elegant lässt sich dagegen die Konstantstromquelle mithilfe eines Transistors verwirklichen, welcher mit dem äusseren Widerstand R_a in Reihe geschaltet werden muss. Dabei wird der nahezu rechtwinklig/achsenparallele Verlauf der Transistorkennlinie zur Stromstabilisierung herangezogen. Dass der

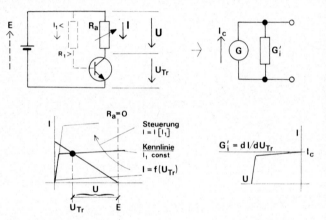

Fig. 23: Transistor-Konstantstromquelle mit Ersatzschaltung

Transistorstrom I mithilfe eines sehr kleinen Steuerstroms I_1 eingestellt werden kann, mag uns als zusätzliches Geschenk vorkommen, welches aber in diesem Zusammenhang nicht in Anspruch genommen werden muss.

Wieder existieren 2 Bedingungen für einen Schnittpunkt im Kennlinienfeld

1. gemäss Maschenregel:

$$U_{Tr} + R_a I = E$$
$$U_{Tr} = E - R_a I \qquad (2.26)$$

2. gemäss Kennlinie des Transistors:

$$I_1 = \frac{E}{R_1} = \text{const.} \ll$$

$$I = f(U_{Tr})$$
$$U_{Tr} = g(I) \qquad (2.27)$$

Der Transistor sperrt den nicht benötigen Anteil der Spannung, ähnlich wie die Zenerdiode den nicht benötigen Strom schluckt, vergleiche Fig. 22 und Fig. 23. Funktionell entspricht die Transistorschaltung einer Stromquelle mit innerer Ableitung $G'_i = dI/dU_{Tr}$.

3. Vermaschung und Überlagerung von Stromkreisen

3.1 Auflösung eines allgemeinen Netzwerks

Wir wollen ein System von $n=4$ Knotenpunkten untersuchen, welche untereinander und mit den Klemmen $+$ und $-$ einer Spannungs- oder Stromquelle durch „Zweige" verbunden sind. Falls die Zweige alle aus linearen Widerständen bestehen, stellt die Berechnung der Zweigströme ein lineares mathematisches Problem dar, welches ebensoviele „unabhängige"

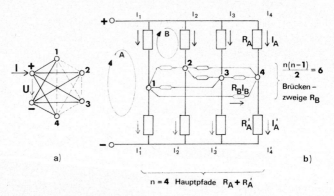

Fig. 24: Sechseck-Schaltung
a) ungeordnetes Netzwerk
b) aufgelöste Brückenschaltung

Gleichungen erfordert, wie es Zweigströme gibt. Als Gleichungsinhalt können die beiden Kirchhoffschen Sätze dienen. Um aber von vorn herein nur wesentliche (=linear unabhängige) Ansätze aufzuschreiben, bedient man sich eines bestimmten Ordnungsprinzips. Ein solches mathematisches Rezept besteht

(3.1) Auflösung eines allgemeinen Netzwerks

z.B. darin, das Netzwerk zunächst einmal gemäss Fig. 24b in Hauptpfade aus je 2 Zweigen $R_A + R'_A$ und Brückenzweige R_B aufzugliedern. Die Ströme in den zu ein und demselben Hauptpfad gehörenden Zweigen I_A und I'_A hängen zusammen durch n-mal die Knotenpunktregel, anzuwenden auf die Verzweigungspunkte 1...4. Es verbleiben demnach n unbekannte Ströme I_A (d. h. $I_1...I_4$) und $n(n-1)/2$ Brückenzweigströme I_B (zu bezeichnen als $I_5...I_{10}$). Zur Berechnung der $[n+n(n-1)/2] = 10$ Unbekannten stehen Maschengleichungen vom Typus A für die Hauptpfade und vom Typus B für die Brückenzweige zur Verfügung.

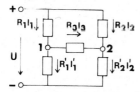

Fig. 25:
Einfach-Brückenschaltung

Den weiteren Rechnungsgang wollen wir an Hand der einfachen Brückenschaltung verfolgen, wo $n=2$ und $n(n-1)/2=1$ zu setzen ist, siehe Fig. 25
Es sind 5 unbekannte Ströme $I_1, I'_1, I_2, I'_2, I_3$ zu berechnen aus

2 *Knotenpunktgleichungen*

$$I_1 - I'_1 - I_3 = 0 \quad \to \quad I'_1 = I_1 - I_3$$
$$I_2 - I'_2 + I_3 = 0 \quad \to \quad I'_2 = I_2 + I_3 \tag{3.1}$$

2 *Maschengleichungen Typus A*

$$R_1 I_1 + R'_1 I'_1 = U \quad \to \quad (R_1 + R'_1)I_1 - R'_1 I_3 = U$$
$$R_2 I_2 + R'_2 I'_2 = U \quad \to \quad (R_2 + R'_2)I_2 + R'_2 I_3 = U \tag{3.2}$$

1 *Maschengleichung Typus B*

$$R_1 I_1 - R_2 I_2 + R_3 I_3 = 0 \tag{3.3}$$

Der Brückenstrom I_3 ergibt sich gemäss Cramerscher Regel als Quotient zweier Determinanten:

$$I_3 = \frac{D_3}{D} \tag{3.4}$$

Nennerdeterminante:

$$D = \begin{vmatrix} R_1 + R_1' & 0 & -R_1' \\ 0 & R_2 + R_2' & R_2' \\ R_1 & -R_2 & R_3 \end{vmatrix} \tag{3.5}$$

$$= R_3(R_1 + R_1')(R_2 + R_2') + R_1 R_1'(R_2 + R_2') + R_2 R_2'(R_1 + R_1')$$

Zählerdeterminante:

$$D_3 = \begin{vmatrix} R_1 + R_1' & 0 & U \\ 0 & R_2 + R_2' & U \\ R_1 & -R_2 & 0 \end{vmatrix} = U(R_1' R_2 - R_1 R_2') \tag{3.6}$$

3.2 Spannungsteiler und Superpositionsprinzip

Zur manuellen Steuerung von Strömen verwendet man Widerstände mit gleitendem Kontakt, die als Schiebe- oder Drehwiderstände ausgebildet sein können. Falls der Widerstand mit konstanter Drahtstärke und gleichmässiger Steigung gewickelt ist, so variiert der Widerstandswert zwischen einem der beiden möglichen Endanschlüsse und dem Schleifer linear mit dem Stellweg. Weist ein Stellwiderstand 3 Anschlüsse 0, 1, 2 auf, welche man gemäss Fig. 26 zu verbinden hat, so heisst das Bauteil „Potentiometer". Die mit dem Potentiometer realisierbare Schaltung (im Prinzip eine „halbe Brückenschaltung") ermöglicht eine gleichmässige Spannungssteuerung im Bereich $0 < U_2 < U_1$. Bei leerlaufenden Ausgangsklemmen 0—2 entspricht die relative Ausgangsspannung dem jeweiligen Teilungsverhältnis k:

(3.2) Spannungsteiler und Superpositionsprinzip

Leerlaufspannung des Spannungsteilers

$R_2 \gg R_1$, $I_1 = I_{10}$, $I_2 \approx 0$:

$$U_1 = R_1 I_{10} = (k+1-k)R_1 I_{10}$$

$$U_2 = U_{20} = k R_1 I_{10}$$

$$U_{20}/U_1 = k \tag{3.7}$$

Es stellt sich nun die Frage, wie gross der innere Widerstand R_i einer konventionellen Ersatz-Spannungsquelle zur Spannungsteilerschaltung sein mag. Zur Beantwortung dieser Frage wollen wir ein allgemein anwendbares Prinzip benützen, welches auf der Überlagerungsfähigkeit (=Superposition) linearer Systeme beruht.

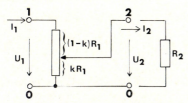

Fig. 26: Spannungsteiler-Schaltung

Es braucht die einschränkende Annahme, dass in einem Netzwerk aus $n+2$ Ecken gemäss Fig. 24 nur 1 Spannungsquelle U vorkomme, nicht zuzutreffen. Beispielşeise könnten alle Brückenzweige ausser den Widerständen weitere „eingeprägte Spannungen" U_i enthalten. Dann würde die Spalte der Spannungen in der Zählerdeterminante (siehe Gl. 3.6) anstelle von Nullen ebendiese U_i enthalten. Die Gesamtheit der Zweigströme (Zeilenvektor $[I]$) und die Gesamtheit der vorgegebenen Spannungen $[U]$ genügen einem System von Gleichungen, welches formal (Matrizenschreibweise) dem Ohmschen Gesetz entspricht:

$$[U] = [R] \cdot [I] \tag{3.8}$$

$$[I] = [G] \cdot [U] \tag{3.9}$$

3. Vermaschung und Überlagerung von Stromkreisen

Unter Überlagerung versteht man nun einfach folgendes: Anstelle geschlossener Berücksichtigung sämtlicher Eingabedaten (alle eingeprägten Spannungen U_i und möglicherweise eingeprägte Ströme I_i auf einmal in das Gleichungssystem eingeführt), darf man nacheinander eine Grösse U_i oder I_i um die andere vorgeben, wodurch sich die Rechnung sehr vereinfacht. Am Schluss müssen allerdings sämtliche berechnete Teilwirkungen zusammengezählt werden.

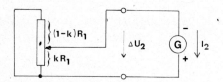

Fig. 27: Lastwiderstand ersetzt durch Stromquelle

Konkret auf den Spannungsteiler angewendet heisst das, dass wir den Ausgangsstrom I_2 als eingeprägten Strom (=Stromquelle) auffassen wollen. Demnach wird die Berechnung der Ausgangsspannung $U_2 = f(I_2)$ in 3 Schritten zu vollziehen sein.

1. *Schritt* (Leerlauf): Stromquelle zwischen 0—2 unwirksam; Spannungsquelle U_1 zwischen 0—1

$$U_{21} = kU_1$$

2. *Schritt:* Spannungsquelle zwischen 0—1 unwirksam (d. h. $U_1 = 0$ gesetzt: Eingangsklammern kurzgeschlossen); Stromquelle I_2 zwischen 0—2.

$$U_{22} = \Delta U_2 = -I_2 \cdot \frac{kR_1(1-k)R_1}{(k+1-k)R_1}$$

$$= -k(1-k)R_1 \cdot I_2 \qquad (3.10)$$

3. *Schritt:* Überlagerung; anstelle der Spannungsteilerschaltung trete eine Ersatz-Spannungsquelle mit den Kennzeichen E, R_i

$$U_2 = U_{21} + U_{22} = kU_1 - R_i I_2$$

$$E = kU_1$$

siehe Gl. 3.10: $\qquad R_i = k(1-k)R_1 \qquad (3.11)$

Der Innenwiderstand einer Spannungsteilerschaltung ist demnach von der Stellung des Schleifers abhängig; in der Mittelstellung des Abgriffs bei $k=0{,}5$ tritt ein Maximum auf in Höhe von $R_{i\,max} = 0{,}25\, R_1$.

3.3 Anwendungsbeispiele der Brückenschaltung

3.3.1 *Differenzbildung*

In der Messtechnik verwendet man die Brückenschaltung vorzugsweise zur Feststellung kleiner Differenzbeträge. Beispielsweise können parallelgeschalteten Stromverbrauchern R_1, R_2 je im Hauptpfad genau gleiche (sehr kleine) Messwider-

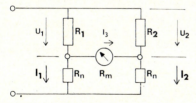

Fig. 28: Differenzmessung von Strömen

stände $R_n \ll$ vorgeschaltet werden, sodass in einem Messinstrument mit genügend grossem Widerstand $R_m \gg$ ein Messstrom I_3 fliesst, welcher der Differenz der Verbraucherströme $I_1 - I_2$.

proportional ist:

$$U_1 + R_n I_1 = U_2 + R_n I_2$$
$$U_1 - U_2 = R_n (I_2 - I_1)$$
$$I_3 = \frac{U_2 - U_1}{R_m} = \frac{R_n}{R_m}(I_1 - I_2) \tag{3.12}$$

3.3.2 Quotientenbildung (Wheatstoneschaltung)

Die Messung eines unbekannten Widerstandes $R_x = U_x/I_x$ erfordert die Feststellung eines Quotienten, welcher weder von U_x noch von I_x allein abhängen darf. Die diesem Zweck dienende Wheatstoneschaltung arbeitet mithilfe eines sogenannten Nullinstrumentes und eines einstellbaren Präzisions-Potentiometers.

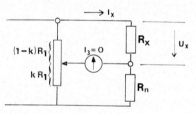

Fig. 29: Wheatstone-Brücke

Zur Messung wird das Potentiometer solange verstellt, bis das Instrument gerade den Wert Null anzeigt. Im abgeglichenen Zustand verschwindet mit dem Strom ($I_3 = 0$) auch die Zählerdeterminante von Gl. 3.6. Demnach gilt die folgende Proportion:

$$R_1' R_2 - R_1 R_2' = 0$$

$$\frac{R_n}{R_x} \equiv \frac{R_2'}{R_2} = \frac{R_1'}{R_1} \equiv \frac{kR_1}{(1-k)R_1}$$

$$R_x = \frac{1-k}{k} \cdot R_n = f(k, R_n) = \frac{U_x}{I_x} \tag{3.13}$$

Beobachtungswerte sind k, R_n nicht U_x, I_x!

3.3.3. Produktbildung

In einer Brückenschaltung hängt die Spannung des Brückenzweiges U_3 (unbelastet gerechnet) einerseits linear mit der Quellenspannung $U_3 \sim U$, und anderseits linear mit dem Teilungs-

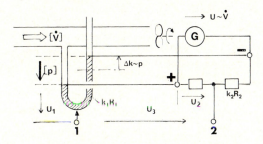

Fig. 30: Elektrische Messung einer hydraulischen Leistung

verhältnis $U_3 \sim k$ zusammen. Bezeichnet k_1 das Teilungsverhältnis eines kontinuierlichen Potentiometers, und k_2 das unveränderliche Teilungsverhältnis des zweiten Brückenpfades, so gilt:

$$U_1 = (1-k_1)U$$
$$U_2 = (1-k_2)U$$
$$U_3 = U_2 - U_1 = (k_1 - k_2)U = \Delta k \cdot U \qquad (3.14)$$

Beispielsweise kann man sich vorstellen, dass der Druck p in einem hydraulischen System wie in Fig. 30 mit einem Quecksilber-U-Rohr gemessen und elektrisch angezeigt werden soll. Zwei schwimmende Endkontakte und ein fest eingeschmolzener Abgriff in der Mitte des U-Rohrs verwandeln die Quecksilbersäule in ein automatisches Potentiometer, welches den Druck in eine Verstimmung des Teilungsverhältnisses umformt:

$$p \sim \Delta k \qquad (3.15)$$

Gleichzeitig kann die Fördermenge durch ein Flügelanemometer erfasst werden, das etwa einen kleinen elektrischen Generator antreibt, wobei die Spannung des Generators U der Geschwindigkeit in einem hydraulischen Strömungsprofil (und damit auch der Fördermenge) proportional sein muss:

$$\dot{V} \sim U \qquad (3.16)$$

Die in Fig. 30 dargestellte Brückenschaltung besorgt die Multiplikation von Gl. 3.15 und 3.16, sodass die Spannung im offenen Brückenzweig U_3, beispielsweise zum Zwecke elektrischer Fernanzeige, als Mass für die hydraulische Leistung angesehen werden kann:

$$P = p \cdot \dot{V} \sim U_3 = \Delta k \cdot U \qquad (3.17)$$

4. Das elektrostatische Feld

4.1 INFLUENZ UND VERSCHIEBUNG

Wenn man zwei ebene Metallflächen (Fläche A, Abstand s), die einen nichtleitenden Raum (=Dielektrikum) begrenzen, über einen Schaltkontakt mit einer Spannungsquelle U_1 ver-

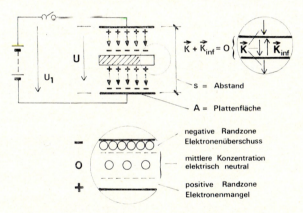

Fig. 31: Influenzierung einer leitfähigen Schichtsonde im elektrostatischen Feld

bindet, dann kann zwar kein dauernder Ladungstransport stattfinden; trotzdem kommt es zu einem kurzen Stromstoss, welcher entgegengesetzte Ladungen

$$\pm Q = \int i\, dt$$

auf die leitenden Flächen befördert, wo sie in Folge Coulombscher Anziehungskräfte festgehalten werden. Die Flächenladungen verharren als statische Quellpunkte von Feldlinien, welche den dielektrischen Feldraum von + nach − durchsetzen. Dabei nehmen die Zahl der Quellpunkte und die Zahl der Feldlinien (Feldliniendichte $\sim$ Betrag der Feldstärke $\vec{K}$) solange zu, bis die Spannung des elektrischen Feldes $U = K \cdot s$ den Betrag U_1 der angeschlossenen Quelle erreicht. Öffnet man schliesslich den

Fig. 32: Auffüllen
eines kommunizierenden
Gefässes

Schaltkontakt, so bleibt die auf den Platten befindliche Ladung $\pm Q$ unverändert erhalten: Der Ladungszustand des elektrischen Dipols (= Kondensator, siehe Abschn. 4.3) stellt also einen Speicher dar.

Anmerkung: Der elektrische Ladevorgang des Dipols entspricht durchaus dem Auffüllen eines kommunizierenden Gefässes in der Hydromechanik. Die den Platten zugeführte Ladung entspricht in jedem Augenblick der Spannung U, so wie die in einen vertikalen Wasserbehälter eingeströmte Menge der Höhe h des Gefässes entspricht.

Es mag deshalb als ohne weiteres verständlich erscheinen, wenn wir mit den Grundbegriffen von Tafel I direkt die gespeicherte elektrische Energie aus der Analogie mit dem Wasser übernehmen:

Energieinhalt des elektrostatischen Feldes vergl. Wasserspeicher

$$W_e = \frac{1}{2} Q \cdot U \quad \text{vergl. } W_{\text{pot}} = \frac{1}{2} V \cdot p \qquad (4.1)$$

Der Zustand des Feldes kann nun auf 2 Arten beschrieben werden:

1. durch die Kraft, welche auf eine kleine Ladung dQ>0 in Richtung der Feldlinien ausgeübt wird (Coulombs Gesetz, Definition der „Feldstärke")

$$d\vec{F} = \vec{K} \cdot dQ$$
$$\vec{K} = d\vec{F}/dQ \qquad (4.2)$$

2. durch die Grösse der Ladungsverschiebung innerhalb einer metallischen Sonde, welche man an irgend einer Stelle in den Feldraum einbringen kann. Die in den Randzonen der Sonde auftretenden Flächenladungen sind genau gleich gross wie entsprechende Ladungen auf den äusseren Elektroden des Dipols. Ihre Dichte ist unabhängig vom Potentialniveau und streng proportional zur Feldstärke. *Die elektrische Verschiebung* (engl. displacement)

$$\vec{D} = \varepsilon_0 \cdot \vec{K}$$
$$D = |\vec{D}| = Q/A \qquad (4.3)$$

kann auch als latente Verschiebungsmöglichkeit angesehen werden; bringt man nämlich einen leitfähigen Körper in das elektrische Feld, sodass sich (auf Grund der Coulombschen Kräfte) besagte Ladungsverschiebung tatsächlich ereignen kann, dann wird der Innenraum der Sonde *feldfrei*, weil sich das ursprüngliche Feld $\vec{K}$ und das von den verschobenen Ladungen bewirkte zusätzliche Feld $\vec{K}_{inf}$ gegenseitig aufheben, siehe Fig. 31.

Der Vorgang der Ladungsverschiebung in einem leitfähigen Körper bis zur völligen Entelektrisierung $\vec{K}+\vec{K}_{inf}=0$ heisst „Influenz".

Anmerkung: Die entelektrisierende Wirkung eines metallischen (unter Umständen auch hohlen) Körpers in einem starken elektrischen Feld wird technisch ausgenutzt im sogenannten *Faradaykäfig*, z.B. zum Schutz von Personen in einem aus Metall konstruierten Flugzeug, das eine Gewitterzone durchfliegt. Wenn Sie an den Vergleich des elektrischen und des Gravitations-Feldes gemäss Tafel II denken, so entspricht der Faradaykäfig einer schwerelosen (d. h. freifallenden) Kabine, wo sich alle Masseteilchen im Gleichgewicht zwischen Erdanziehung und Beschleunigungskräften befinden, sodass keine Stützkräfte resultieren.

4.2 Polarisation und dielektrische Festigkeit

Die Coulombkräfte, welche das elektrische Feld auf jedwede Ladung ausübt, sind auch in der elektrisch nicht leitfähigen (d. h. isolierfähigen) Materie eines Dielektrikums wirksam. Allerdings lassen sich die Ladungen einer schichtförmigen Sonde nicht bis zur Grenzfläche verschieben (das wäre Influenz!), sondern es findet eine elastische Verschiebung der positiven und negativen Ladungsschwerpunkte innerhalb von

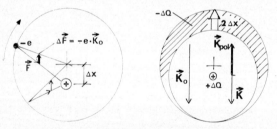

Fig. 33: Polarisation durch Ladungsverschiebung

Atomen und Molekülen statt, welche sich gleichmässig über den Querschnitt verteilt, und die wir *Polarisation* nennen. Gegebenenfalls kann auch eine Ausrichtung bereits bestehender ungeordneter elementarer Dipole auftreten.

Wir wollen uns hier mit einer vereinfachten Vorstellung der Polarisationswirkung begnügen. Stellen Sie sich demnach zunächst 1 Elektron vor, das den positiven Atomkern in Form

(4.2) Polarisation und dielektrische Festigkeit

einer Planetenbahn umkreist, wobei die gegen den Kern gerichtete Anziehungskraft $\vec{F}$ mit der Zentrifugalkraft ein Gleichgewicht bildet. Ohne äusseres Feld werden Drehzentrum und Kernmittelpunkt zusammenfallen. In einem elektrischen Feld $\vec{K}_0$ setzen sich jedoch die sehr grossen Kernanziehungskräfte mit zusätzlichen Coulombkräften $\Delta\vec{F} = -e \cdot \vec{K}_0$ vektoriell zusammen, sodass die Wirkungslinien der resultierenden Kräfte sich in einem neuen Drehzentrum schneiden. Es ist aus Fig. 33 ersichtlich, dass bei masstäblicher Geometrie ($\vec{F} \gg \Delta\vec{F}$) die Schwerpunktverschiebung proportional der ursprünglichen Feldstärke sein muss:

$$\Delta x \sim \Delta F \sim K_0 \qquad (4.4)$$

In einer zweiten Überlegung wollen wir uns das Atom eines Isolierstoffs mit sehr vielen Elektronen vorstellen, welche den Kern in einer kugelförmigen Wolke umgeben. Bei der elastischen Trennung der Ladungsschwerpunkte zerfällt gewissermassen der exzentrische Elektronenraum in einen inneren, weiterhin konzentrischen (d. h. elektrisch nicht aktiven) Teil, und in einen sichelförmigen äusseren Teil. Die in der Sichel vereinigte Elektronenladung $-\Delta Q$ bildet mit der Restladung des Kerns $+\Delta Q$ ein inneres Feld $\vec{K}_{pol}$ aus, welches abgesehen von seiner Stärke eine ähnliche Wirkung wie im Falle der Influenz haben muss: es kommt zu einer teilweisen Aufhebung des ursprünglichen Feldes. Weil aber der sichelförmige Rauminhalt bei masstäblicher Geometrie im wesentlichen dem Betrage der Exzentrizität proportional ist, gilt:

$$K_{pol} \sim \Delta Q \sim \Delta x \sim K_0$$

$$0 > \vec{K}_{pol}/\vec{K}_0 = \text{const.} > -1 \qquad (4.5)$$

Bei gegebener Plattenladung und Verschiebung ($Q = $ const., $D = $ const.) wird demnach eine kleinere resultierende Feldstärke im Dielektrikum K zu beobachten sein, als dies im leeren Raum K_0 der Fall wäre:

$$\vec{K} = \vec{K}_0 + \vec{K}_{pol} < \vec{K}_0 \qquad (4.6)$$

Für einen beliebigen Isolierstoff fasst man das Verhältnis

der beiden feldbeschreibenden Zustände unter dem Begriff der *Dielektrizitätskonstanten* ε zusammen:

$$\varepsilon = \frac{D}{K} = \frac{D}{K_0} \cdot \frac{K_0}{K}; \qquad (4.7)$$

elektrische Feldkonstante:

$$\varepsilon_0 = \frac{D}{K_0} = 8{,}85 \cdot 10^{-12}\ \frac{C}{Vm}$$

$$\left[\frac{D}{K}\right] = \frac{1\ C/m^2}{1\ V/m} = 1\ \frac{C}{Vm}; \qquad (4.8)$$

relative Dielektrizitätskonstante:

$$\varepsilon_r = \frac{K_0}{K} = \text{Materialkonstante} \qquad (4.9)$$

Ohne auf die komplizierten Vorgänge beim elektrischen Durchbruch (= Überschlag) in einem Isolierstoff hier näher einzutreten, darf dennoch festgestellt werden, dass es für die exzentrische Verformung der Elektronenbahnen gegenüber dem Kern sicher eine Grenze gibt. Sobald einmal ein Elektron die Zuordnung zu einem bestimmten Atom verliert (beispielsweise in den Anziehungsbereich des Nachbaratoms gerät), tritt Leitfähigkeit auf. Bei hohen Feldstärken hat aber jeder Strom eine

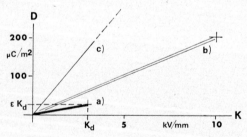

Fig. 34: Dielektrische Eigenschaften von Isolierstoffen

a) Luft	$\varepsilon_r = 1$	$K_d =$	3 kV/mm
b) Transformatoröl	$\varepsilon_r = 2{,}3$	$K_d =$	10 kV/mm
c) Naturglimmer	$\varepsilon_r = 7$	$K_d =$	600 kV/mm

sehr grosse Wärmeentwicklung zur Folge, die meistens zu irreparabler Zerstörung des Isolierstoffs führt. Wir können daher die Abhängigkeit $D = D(K)$ als begrenztes lineares Gesetz ansehen, das bei der sogenannten Durchbruchfeldstärke K_d (=dielektrische Festigkeit) aufhört, realistisch zu sein.

4.3 Der Kondensator

4.3.1. *Kapazität eines koaxialen Zylinders*

Ohne Unterschied, ob das elektrostatische Feld homogen sei oder nicht, ergibt sich aus dem Verhältnis $D/K = \varepsilon = $const (ganz ähnlich wie im Strömungsfeld $J/K = \sigma = $const.) ein für jede Anordnung von Dipolen typisches Verhältnis $Q/U = C = $ =const. (ähnlich dem Leitwert $I/U = G$). Wir nennen das geometrisch-materiell bedingte Verhältnis C die „Kapazität". Bei-

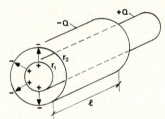

Fig. 35: Koaxiale Leitung

spielsweise befinde sich auf dem inneren und äusseren Rohrleiter eines koaxialen Kabels nach Fig. 35 die Ladung $\pm Q$. Dann lässt sich das elektrische Feld, welches das Dielektrikum radial durchsetzt, als Funktion des Radius r wie folgt angeben:

$$D(r) = \frac{Q}{2\pi r l}$$

$$K(r) = \frac{D}{\varepsilon}$$

(4.10)

elektrische Spannung:

$$U = \int_{r_1}^{r_2} \vec{K} \cdot d\vec{r} = \frac{Q}{2\pi\varepsilon l} [\ln r]_{r_1}^{r_2} \qquad (4.11)$$

Kapazität:

$$C = \frac{Q}{U} = \frac{2\pi\varepsilon l}{\ln \dfrac{r_2}{r_1}}$$

$$[C] = \frac{1\,\text{C}}{1\,\text{V}} = 1\,\text{F} \;\; (\text{Farad}) \qquad (4.12)$$

4.3.2 Bauform und -grösse des Kondensators

Die Kapazität einer Elektrodenanordnung (=quantitative Fähigkeit Ladungen zu speichern) kann unerwünscht sein; oder sie kann beabsichtigte Eigenschaft eines Bauelements sein, welches dann als „Kondensator" zu bezeichnen ist. Der Kondensator als Bauelement soll eine möglichst grosse Kapazität haben, bzw. bei gegebenem Kapazitätswert ein möglichst geringes Bauvolumen haben. Diese konstruktive Randbedingung lässt sich erfüllen durch möglichst geringen Elektrodenabstand (z.B. $r_2/r_1 \to 1$) und ein geeignetes dielektrisches Material ($K_d > K$ möglichst gross, $\varepsilon_r > 1$). Bei genügend kleinem Abstand führt aber jede geometrische Elektrodenanordnung zu einem homogenen Feld. Entwickelt man nämlich den Ausdruck $\ln(r_2/r_1)$ in Gl. 4.12 als Potenzreihe des Abstands $s = r_2 - r_1$, so dürfen die höheren Potenzen von s vernachlässigt werden, und Gl. 4.12 geht über in die Kapazitätsformel des sogenannten Plattenkondensators (Plattenfeld analog Leitwertformel: $G = \sigma S/l$ vergleiche mit Gl. 1.18—1.20):

$$\ln \frac{r_2}{r_1} = \ln \frac{r_1 + (r_2 - r_1)}{r_1}$$

$$= \ln\left(1 + \frac{s}{r_1}\right) \approx \frac{s}{r_1}$$

(4.3.2) Bauform und -grösse des Kondensators

Plattenfeld

$$\left.\begin{array}{l} s = r_2 - r_1 \ll r_1 \\ A = 2\pi r_1 l \end{array}\right\} : \quad C = \frac{\varepsilon A}{s} \qquad (4.13)$$

Zur Erzielung einer möglichst grossen Oberfläche A auf engem Raum werden die Kondensatoren im allgemeinen aus aufeinanderliegenden leitenden und nichtleitenden Folien aufgewickelt. Dabei dürfen die metallischen Flächen in der Regel noch viel dünner als die aktive Isolierschicht sein. Eine in der Starkstromtechnik sehr gebräuchliche Konstruktion (sogenannte Metallpapierkondensatoren) verwendet deshalb Papier- oder

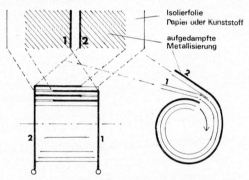

Fig. 36: Entstehung eines Wickelkondensators

Kunststoffbahnen, welche in einem besonderen Arbeitsgang durch Aufdampfen von Aluminium im Vakuum einseitig belegt worden sind. Dabei muss das Papier an einem der beiden Ränder eine bestimmte (metallfreie) Isolierstrecke aufweisen. Wenn man gemäss Fig. 36 zwei metallisierte Folien, die die Isolierränder auf entgegengesetzten Seiten des Wickels aufweisen, gleichzeitig aufspult, so entsteht ein Wickelkörper mit zusammenhängenden Flächen A, welche kammartig ineinandergreifen. Die Anschlüsse werden durch Aufspritzen eines metallischen Deckels auf jede der beiden Stirnseiten des Wickels hergestellt.

Die Baugrösse eines Kondensators hängt nun direkt mit der in seinem aktiven dielektrischen Volumen speicherbaren

Energie zusammen. Setzt man nämlich in Gl. 4.1 anstelle der die Energie bildenden Faktoren Q und U die Feldgrössen D und K ein, so gilt:

$$\left. \begin{array}{l} Q = D \cdot A \\ U = K \cdot s \end{array} \right\} A \cdot s = V:$$

$$W_e = \frac{1}{2} Q \cdot U = \frac{1}{2} C U^2$$

$$W_e = \frac{1}{2} D \cdot K \cdot V = \frac{1}{2} \varepsilon K^2 \cdot V \tag{4.14}$$

Wenn aber die maximale Feldstärke $K_{max} < K_d$ beschränkt ist, so gilt dies ebenfalls für die spezifische Feldenenergie W_e/V:

$$2 \frac{W_e}{V} = \frac{C U^2}{V} = \text{const}$$

$$V \sim C \cdot U^2 \tag{4.15}$$

Ein Kondensator ist daher erst eindeutig bestimmt durch 2 Angaben:
1. Kapazitätswert in μF
2. zulässige Spannung in V

4.3.3. *Mehrschichtiges Dielektrikum*

Beim Bau von Kondensatoren treten hinsichtlich der elektrischen Beanspruchbarkeit Fragen auf, welche für elektrische Isolationen ganz allgemein von Bedeutung sind, so z.B. die Frage des aus verschiedenen Materialien zusammengesetzten mehrschichtigen Dielektrikums. Wir betrachten den Ausschnitt aus einem Kondensator oder aus einer beliebigen Isolierstrecke in einem homogenen elektrostatischen Feld, welches gemäss Fig. 37 nacheinander 2 Schichten der Dicke s_1, s_2 mit unterschiedlicher Dielektrizitätskonstante ε_1, ε_2 durchsetzen möge.

(4.3.3) Mehrschichtiges Dielektrium

Das Verschiebungsfeld ist gemäss seiner Definition kontinuierlich über die Grenzfläche beider Materialien hinaus verteilt, sodass
$$D_1 = D_2 = D = \text{const.}$$

Daher folgt für das Material mit geringerer Dielektrizitätskonstante ($\varepsilon_{r1}=1$ angenommen) eine höhere Beanspruchung,

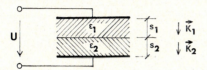

Fig. 37: Zweischichtiges Dielektrikum

die in vielen Fällen das elektrisch schwächere Glied trifft (leider!):

$$\frac{K_1}{K_2} = \frac{\dfrac{D}{\varepsilon_1}}{\dfrac{D}{\varepsilon_2}} = \frac{\varepsilon_2}{\varepsilon_1} = \frac{\varepsilon_{r2}}{\varepsilon_{r1}} \qquad (4.16)$$

Zahlenbeispiel 3

Angenommen es sei beabsichtigt, eine Elektrodenanordnung mit Abstand $s=1$ mm an eine Spannung von $U=2$ kV anzuschliessen. Normalerweise genügt hierzu Luft ($K_d \approx 3$ kV/mm); aber „um ganz sicher zu gehen" verwenden Sie eine Isolierplatte aus hochwertigem Naturglimmer: $s_2=0,99$ mm, $\varepsilon_{r2} \approx 7$. Es verbleibt ein kleiner Rest-Luftspalt $s_1=0,01$ mm.

Die Luft zieht jetzt (womit Sie nicht gerechnet haben) einen unverhältnismässig grossen Anteil von Feldenergie an sich und schlägt bestimmt durch. Bei gleicher Spannung wie vorher wird nämlich angenähert

$$K_2 \approx 2 \text{ kV/mm}$$
$$K_1 = 7 \cdot K_2 \approx 14 \text{ kV/mm}$$

Teildurchschläge in Luft verursachen Glimmentladungen mit Bildung von Ozon, die praktisch alle bekannten Isolierstoffe mehr oder weniger schnell zerstören können. Darum müssen Lufteinschlüsse in hochbeanspruchten Isolationen

1. entweder in der Fabrikationsphase ausgeschlossen,
2. oder durch elektrische Massnahmen überbrückt werden.

Die 1. Methode besteht darin, beispielsweise den Wickel eines Kondensators zuerst einmal zu *evakuieren*, und dann mit einem flüssigen Isolierstoff (z.B. Öl, Wachs, Kunstharz) zu *tränken*, sodass konstruktiv bedingte Lufteinschlüsse durch ein besseres Material als Luft mit Sicherheit verdrängt werden. Die grösstmögliche Beanspruchung richtet sich dann z.B. nach dem Öl.

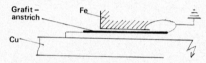

Fig. 38: Glimmschutz einer Hochspannungsisolation durch Überbrücken der Luftstrecken

Die 2. Methode wird meistens bei grösseren Anlageteilen angewendet. So werden beispielsweise die unter Hochspannung stehenden stromführenden Leiter eines grossen Generators zuerst nach Methode 1 vorfabriziert (d. h. umwickelt, evakuiert und mit Kunstharz getränkt). Dann wird die Aussenfläche der Isolation mit einem leitfähigen Grafitanstrich versehen, der im Prinzip mit dem eisernen Gegenpol zu verbinden ist. Anstrich und Eisen bilden auf diese Weise eine zusammenhängende Äquipotentialfläche, sodass mit Sicherheit $K_1 = 0$ ist.

4.4 Laden und Entladen des Kondensators

Ein Kondensator mit der Kapazität C werde an eine Spannungsquelle $(E = U_0, R_i = R_1)$ angeschlossen. Dann wird der Aufladevorgang beschrieben durch eine Differentialgleichung,

(4.4) Laden und Entladen des Kondensators

gemäss Maschenregel:

$$R_1 i_1 + u_C = U_0 \tag{4.17}$$

Ersetzt man hierin gemäss Definition der Kapazität

$$u_C = \frac{Q(t)}{C} = \frac{1}{C} \int_0^t i_1 \mathrm{d}t \tag{4.18}$$

so folgt

$$i_1 = C \cdot \frac{\mathrm{d}u_C}{\mathrm{d}t}$$

$$R_1 C \frac{\mathrm{d}u_C}{\mathrm{d}t} + u_C = U_0$$

$$u_C = U_0 \left(1 - e^{-\frac{t}{\tau_1}}\right) \tag{4.19}$$

Der Vorgang stellt eine Exponentialfunktion mit der Zeitkonstanten τ_1 dar. Die Zeitkonstante ist gegeben durch ein schaltungsbedingtes RC-Produkt:

$$\tau_1 = R_1 C$$
$$[\tau] = 1 \text{ V/A} \cdot 1 \text{ As/V} = 1 \text{ s} \tag{4.20}$$

Ein Kondensator kann unter anderem dazu verwendet werden, kurzzeitig hohe Leistungsspitzen umzusetzen, wenn man einen besonderen Entladestromkreis mit genügend klei-

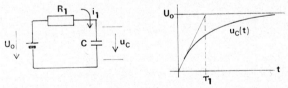

Fig. 39: Ladevorgang nach dem Einschalten

nem $\tau_2 = R_2 C \ll \tau_1$ vorsieht, sodass die gespeicherte Energie impulsartig verbraucht wird. Zu diesem Zweck wird gemäss Fig. 40 ein Entladewiderstand $R_2 \ll R_1$ über einen selbstauslösenden Schaltmechanismus mit dem Kondensator verbunden. Als

Auslöser kann z.B. eine Funkenstrecke dienen, welche bei vorgewählter Spannung anspricht (=durchschlägt), oder eine grundsätzlich ähnlich funktionierende elektronische Einrichtung, wie z.B. eine Glimmlampe.

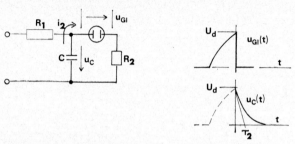

Fig. 40: Kondensatorentladung

Während des vorgehend beschriebenen Aufladevorganges nimmt die Glimmlampe solange die volle Kondensatorspannung auf ($u_C - u_{Gl} = 0$: die Lampe sperrt), bis ihre spezifische Durchbruchspannung (=Zündspannung U_d) erreicht ist. In diesem Augenblick springt die Lampenspannung von $u_{Gl} = U_d$ auf $u_{Gl} = 0$: Der Kondensator kann sich entladen. Dabei lautet der Maschenansatz:

$$t = 0, \quad \left.\begin{array}{l} u_C = U_d \\ u_{Gl} = 0 \end{array}\right\}: \quad u_C = R_2 i_2 \tag{4.21}$$

Wegen $du_C/dt < 0$ entsteht eine Differentialgleichung vom selben Typ wie 4.19, deren Lösung sich lediglich in der Grösse der Zeitkonstanten und in der Anfangsbedingung unterscheidet:

$$i_2 = -C \cdot \frac{du_C}{dt}$$

$$R_2 C \frac{du_C}{dt} + u_C = 0$$

$$u_C = U_d \cdot e^{-\frac{t}{\tau_2}} \tag{4.22}$$

(4.4) Laden und Entladen des Kondensators

Zahlenbeispiel 4

Gegeben seien
   eine Spannungsquelle $U_0 = 100$ V, $R_1 = 10$ kΩ
   ein Kondensator $C = 2$ µF
   eine Glimmlampe $U_d = 50$ V
   ein Entladewiderstand $R_2 = 5$ Ω

maximale Dauerleistung (bei angepasstem Verbraucher):

$$I_c = 100 \text{ V}/10 \text{ kΩ} = 10 \text{ mA}$$

$$P_{max} = \frac{1}{2} U_0 \cdot \frac{1}{2} I_c = 50 \text{ V} \cdot 5 \text{ mA} = 0{,}25 \text{ W}$$

entspricht z.B. einer Taschenlampe!
Energieinhalt des Kondensators:

$$W_e = \frac{1}{2} C U_d^2 = 10^{-6} \text{ As/V} \cdot 2500 \text{ V}^2 = 2{,}5 \text{ mWs}$$

Zeitkonstante Entladestromkreis:

$$\tau_2 = R_2 C = 5 \text{ Ω} \cdot 2 \text{ µF} = 10^{-5} \text{ s}$$

mittlere Leistung der Entladung (angenähert):

$$P_2 \approx \frac{W_e}{\tau_2} = \frac{2{,}5 \text{ mWs}}{0{,}01 \text{ ms}} = 250 \text{ W}$$

entspricht z.B. einer Blitzlichtlampe!

5. Magnetisches Feld und Induktionsgesetz

5.1 Das magnetische Wirbelfeld

Wir haben als eine physikalische Tatsache hinzunehmen: *Bewegte elektrische Ladungen* erzeugen ein *magnetisches Feld*. Dieses Feld ist stromführenden Leitern wirbelförmig zugeordnet, und es enthält eine zur ruhenden (=potentiellen) Energie des Kondensators *komplementäre Energieform*, ähnlich wie die kinetische Energie bewegter Massen im Verhältnis zur potentiellen Energie einer Masse im Gravitationsfeld.

Zur Veranschaulichung des (leider!) unanschaulichen elektromagnetischen Tatbestandes wollen wir nach Tafel IV eine analoge Modellvorstellung benutzen, derzufolge Sie sich den ruhenden Potentialspeicher eines geladenen Kondensators als vertikalen Wasserbehälter zu denken haben. Der potentielle Energiebetrag dieses Speichers $mg/2$ kann restlos in kinetische Energie überführt werden dadurch, dass die gespeicherte Masse m (analog der Ladung Q des Kondensators) in eine leistungslose kontinuierliche Wasserströmung verwandelt wird. Wenn die Bedingung der dauernden Kontinuität eingehalten wird (was durch die Formgebung eines offenen runden Gefässes oder durch eine gebogene Rohrleitung mit Einlass- und Bypass-Ventilen zu erreichen ist), dann stellt das rotierende Strömungsfeld einen gewöhnlichen Wirbel in horizontaler Ebene dar. Zur Beschreibung der wirbelförmigen Wasserströmung verwendet man die folgenden Begriffe:

Zirkulation = Wirbelstärke

$$\Gamma = \oint \vec{v} \cdot d\tilde{s} \quad (5.1)$$

Durchfluss $\quad \dot{m} = A \cdot v \quad (5.2)$

Massenimpuls $\quad M = m \cdot v \quad (5.3)$

(5.1) Das magnetische Wirbelfeld

Die bekannte Definition der kinetischen Energie $W_{kin}=$ $=mv^2/2$ lässt sich danach als einfaches Produkt aus obenstehenden Begriffen wie folgt ableiten:

entweder $$W_{kin} = \frac{1}{2}\dot{m}\cdot\Gamma \qquad (5.4)$$

oder $$W_{kin} = \frac{1}{2}M\cdot v \qquad (5.5)$$

Die verlustlose Umwandlung der in einem Kondensator gespeicherten Energie führt demgegenüber auf einen Kurzschluss-Stromkreis (bewegte Ladungen ohne Spannung). In Tafel IV ist gezeigt, wie eine solche Umwandlung realisiert werden kann. Durch Umlegen eines Schaltkontaktes fliessen Ladungen vom Kondensator über einen Stromkreis ab. Der Strom steigt bei Null beginnend gegen einen Endwert ($0 \rightarrow I$), während gleichzeitig die Kondensatorspannung abnimmt ($U \rightarrow 0$). Solange noch Ladung auf dem Kondensator ist, bleibt die parallelgeschlossene Diode wirkungslos (weil rückwärts gepolt). Diese bewirkt jedoch einen dauernden Kurzschluss des Kondensators, sobald einmal $U=0$ erreicht ist. Wir nennen die elektrische Bypass-Variante eine „Freilaufdiode". Bei ideal rechtwinkliger Richtkennlinie der Diode (siehe Fig. 21b) und widerstandslosem Stromkreis würde der Strom nie aufhören, im Freilauf über die Diode zu zirkulieren. Die Energie steckt jetzt restlos im (nicht materiellen) magnetischen Feld. Dieses Feld stellt nichts weiter als einen *energieerfüllten Raum in der Umgebung des elektrischen Stroms* dar. Zu seiner Bestimmung verwendet man die folgenden Begriffe, welche sich durchaus mit der Vorstellung von einem Wasserwirbel verbinden lassen:

Induktionsfluss (auch kurz: Fluss)

$[\Phi] = 1$ Vs $= 1$ Wb (Weber) vergl. $\dot{m}$ (5.6)

magnetische Feldstärke vergl. v (5.7)

$[H] = 1$ A/m

Induktion (= Flussdichte)

$$[B] = [\Phi/A] = 1 \text{ Vs/m}^2 = 1 \text{ T (Tesla)}$$

$$\text{vergl. } \dot{m}/A \qquad (5.8)$$

magnetische Feldkonstante

$$\mu_0 = 1{,}26 \cdot 10^{-6} \text{ Vs/Am}$$

$$\text{vergl. Dichte m/V} \qquad (5.9)$$

5.2 Das Durchflutungsgesetz

Die Eigenschaften des magnetischen Feldes sind untrennbar mit den Gesetzmässigkeiten des zugehörigen Stromkreises verbunden. Tatsächlich gehören das die Erzeugung des Magnetfeldes beschreibende sogenannte Durchflutungsgesetz und das die Rückwirkungen auf den Stromkreis beschreibende Induktionsgesetz (siehe nächster Abschnitt) zusammen wie eineiige Zwillinge. In der Elektrophysik fasst man das ganze Paket der elektromagnetischen Erscheinungen unter dem Begriff der Maxwellschen Gleichungen zusammen. Wir wollen hier mit Vorgriff auf den nächsten Abschnitt die Festsetzung $[\Phi] = 1$ Vs hinnehmen. Dann muss als Ausdruck für die im Magnetfeld gespeicherte Energie ausser Φ ein Strom I vorkommen. Dieser Strom wird als derjenige erkannt, welcher das Zentrum des Magnetfeldes durchflutet.

Energie des Magnetfeldes

$$W_m = \frac{1}{2} \Phi \cdot I$$

$$\text{vergleiche} \quad W_{\text{kin}} = \frac{1}{2} \dot{m} \cdot \Gamma \qquad (5.10)$$

Auf Grund der gewählten Analogievorstellung mögen Sie die nachfolgende Feststellung als „vernünftig" betrachten:

DURCHFLUTUNGSGESETZ – MAGNETISCHES WIRBELFELD   IV

Hydromechanik:

Potentialspeicher (Gravitationsfeld) ➧ Wirbel (leistungsloses kontinuierliches Strömungsfeld)

Zirkulation = Wirbelstärke $\quad \Gamma = \oint \vec{v} \cdot d\vec{s}$

Durchfluss $\quad \dot{m} = A \cdot v$

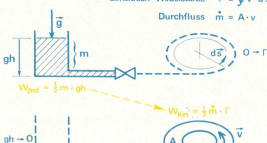

$W_{pot} = \tfrac{1}{2} m \cdot gh$

$W_{kin} = \tfrac{1}{2} \dot{m} \cdot \Gamma$

Elektrotechnik:

Kondensator (elektrostatisches Feld) ➧ verlustloser Kurzschlusskreis (magnetisches Feld)

magnetische Feldstärke $\quad \vec{H}\ \left[\tfrac{A}{m}\right]$ $\Big\}$ vgl. $\vec{v}$

magnetische Induktion $\quad \vec{B} = \mu_0 \vec{H}$

Induktionsfluss $\quad \Phi = A \cdot B \quad$ vgl. $\dot{m} = A \cdot v$

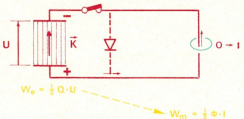

$W_e = \tfrac{1}{2} Q \cdot U$

$W_m = \tfrac{1}{2} \Phi \cdot I$

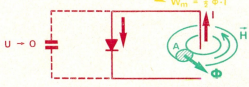

MAXWELL–AMPERE

elektr. Durchflutung ≡ magnetische Zirkulation :

$$\boxed{I = \oint \vec{H} \cdot d\vec{s}}\quad \text{vgl. } \Gamma = \oint \vec{v} \cdot d\vec{s}$$

V INDUKTIONSGESETZ–ELEKTRISCHES WIRBELFELD

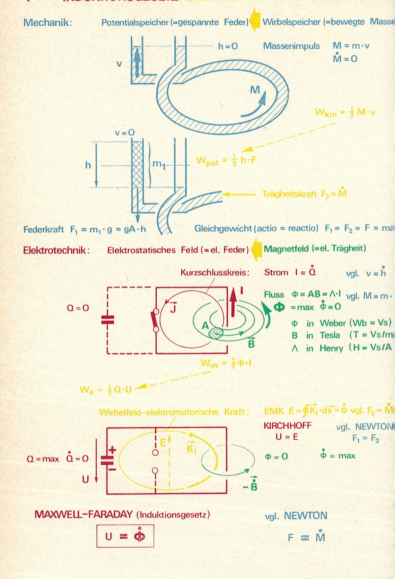

Durchflutungsgesetz

$$\boxed{I = \oint \vec{H} \cdot d\vec{s}}$$

vergleiche $\quad \Gamma = \oint \vec{v} \cdot d\vec{s} \quad$ (5.11)

Tatsächlich enthält obenstehendes Gesetz neben der willkürlichen Massfestsetzung für H ($[H] = 1$ A/m) mehrere wesentliche Gesichtspunkte:

1. Das einen langen geraden Draht umgebende magnetische Feld wird durch zirkuläre Feldlinien $\vec{H}$ symbolisiert, deren Dichte = Feld-„stärke" einem hyperbolischen Abstandsgesetz genügen muss, weil der Wert des Umlaufintegrals überall *ausserhalb des Leiters* denselben Wert aufweist:

$r > r_a:$ $\quad \oint \vec{H} \cdot d\vec{s} = 2\pi r \cdot H(r) = I = $ const

$$\pm |\vec{H}| = H(r) = \frac{I}{2\pi r} \quad (5.12)$$

2. Das magnetische Feld existiert auch *innerhalb des Leiters*. In einem kreisförmigen Drahtquerschnitt mit konstanter Stromdichte J liegt jetzt aber nur ein Teilstrom $I(r) = \int J \, dS$:

$r < r_a:$ $\quad 2\pi r \cdot H(r) = \int\limits_{(S)} J \, dS = J \cdot \pi r^2$

$$H(r) = \frac{1}{2} J \cdot r \quad (5.13)$$

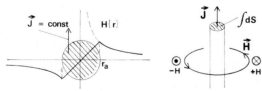

Fig. 41: Feldstärkeverteilung ausserhalb und innerhalb eines langen geraden Drahtes

3. Es ist gleichgültig, in welcher Weise sich der im Zentrum des „magnetischen Wirbels" befindliche Strom aus Teilströmen zusammensetzt. Im Falle einer helikalen Anordnung des Leiters (=Spule) wird deutlich, dass der magnetisch wirksame Strom nicht mit dem elektrischen

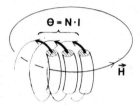

Fig. 42: Durchflutung einer Spule

Strom der Spule identisch zu sein braucht. Aus diesem Grunde definiert man für eine Spule mit N Windungen die sogenannte *elektrische Durchflutung* $\theta = N \cdot I$. Aber die magnetisch wirksame Durchflutung braucht nicht einmal von nur einem Stromkreis herzurühren. Falls der i-te Stromkreis eine Teildurchflutung $\theta_i = N_i \cdot I_i$ beisteuert, so lautet das Durchflutungsgesetz in allgemeiner Form:

$$\oint \vec{H} \cdot d\vec{s} = \theta = \sum_{(i)} \theta_i = \sum_{(i)} N_i I_i \qquad (5.14)$$

5.3 Das Induktionsgesetz

Lassen Sie mich die Rückwirkung, welche das magnetische Feld auf den Stromkreis ausüben kann, dadurch beschreiben, dass der mit dem Kurzschlusskreis von Tafel IV verbundene Energiebetrag W_m wieder in das elektrostatische Feld des Kondensators zurückbefördert werden soll. Zu diesem Zweck hat man sich lediglich einen (bisher geschlossenen) Schaltkontakt in Reihe mit der Freilaufdiode zu denken, der jetzt geöffnet werde.

Das Magnetfeld verleiht dem zirkulierenden Strom eine Trägheitseigenschaft, welche wieder eine Ladung Q aufbauen kann — entgegen der steigenden Spannung am Kondensator. Dass die Polarität der Kondensatorspannung am Ende des Energieumwandlungsprozesses von Tafel V dem Ausgangszustand (gemäss Tafel IV) gerade entgegengesetzt ist, soll uns veranlassen, von einer „Umladung" des Kondensators zu sprechen.

Auch in der analogen Bildvorstellung des Wasserwirbels lässt sich die Rückverwandlung kinetischer in potentielle Energieform realisieren. Beispielsweise kann man den kinetischen Wirbelspeicher als Rohrwindung ausführen, die beidseitig mit je einem senkrechten Rohr zu verbinden ist. Auch hier findet eine Umladung statt (ohne Zwischenhalt als Schwingung anzusprechen). Im mechanischen System wird der quantitative Zusammenhang zwischen den Zuständen der beiden Speicher geregelt durch das Newtonsche Gesetz „Kraft = Masse mal Beschleunigung".

Zustand des kinetischen Speichers: $M = m \cdot v$
Zustand des potentiellen Speichers: $F = m_1 \cdot g$

Anmerkung: Das mechanische System kann auch als (schwingungsfähiges) Feder-Masse-System angesehen werden wegen

$$F = g m_1 = g A \cdot h = k_f \cdot h.$$

Die Newtonsche Beziehung:

$$F = m \frac{dv}{dt} = \frac{dM}{dt} \tag{5.15}$$

legt es nahe, eine *neue Zuordnung der Modellgrössen* einzuführen, wobei lediglich die Invarianz der Energie zu berücksichtigen ist.

Durchflutungsgesetz (Modellmasstäbe nach Gl. 5.4):

$W_{\text{kin}} = \frac{1}{2} \dot{m} \cdot \Gamma$ entspricht $W_m = \frac{1}{2} \Phi \cdot I$

$\dot{m}$ entspricht Φ

Γ entspricht I

Induktionsgesetz (*neue* Modellmasstäbe nach Gl. 5.5):

$$W_{kin} = \frac{1}{2} M \cdot v \quad \text{entspricht} \quad W_m = \frac{1}{2} \Phi \cdot I$$
$$M \quad \text{entspricht} \quad \Phi \tag{5.16}$$

$$v = \frac{dh}{dt} \quad \text{entspricht} \quad I = \frac{dQ}{dt}$$

$$h \quad \text{entspricht} \quad Q$$
$$W_{pot} = \frac{1}{2} h \cdot F \quad \text{entspricht} \quad W_e = \frac{1}{2} Q \cdot U$$
$$F \quad \text{entspricht} \quad U \tag{5.17}$$

Das Induktionsgesetz

$$\boxed{U = \frac{d\Phi}{dt}} \quad \text{entspricht} \quad F = \frac{dM}{dt} \tag{5.18}$$

und stellt (ebenso wie das Newtonsche Gesetz in der Mechanik) einen Ausdruck für das grundlegende Prinzip der Energieerhaltung bei der Umwandlung der komplementären elektrischen und magnetischen Felder dar. Daher die Festsetzung $[\Phi] = 1$ Vs!

In Gl. 5.18 ist Φ als derjenige Induktionsfluss zu verstehen, welcher mit einem einfachen, aus nur 1 Windung bestehenden Stromkreis verkettet ist. Genaugenommen erzeugt ein magnetischer Zuwachs $\dot{\Phi} = d\Phi/dt > 0$ ein elektrisches Wirbelfeld $\vec{K}_i$, welches im Stromkreis als Trägheitskraft wirksam wird, die sich der zugeordneten Veränderung von $J \sim H \sim B \sim \Phi$ widersetzt. Das Umlaufintegral der „induzierten" elektrischen Wirbelfeldstärke $\vec{K}_i$ ist eine elektromotorische „Kraft" — siehe Gl. 5.17 und Fig. 8, 9. Elektrische und magne-

(5.4) Induktivität und Energieinhalt der Toroidspule 79

tische Wirbelfelder gehören zusammen wie zwei Glieder ein und derselben Kette:

| Durchflutungsgesetz | Induktionsgesetz |

$$I = \dot{Q} = \oint \vec{H} \cdot d\vec{s} \qquad E = \dot{\Phi} = \oint \vec{K}_i \cdot d\vec{s} \qquad (5.19)$$

Anmerkung: Die Beziehung $E=U$ in einem verlustlosen elektrischen Stromkreis drückt gar nichts anderes aus als das Newtonsche Prinzip von „actio = reactio" in der Mechanik.

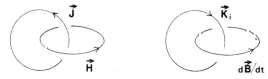

Fig. 43: Verkettung elektr. und magn. Wirbelfelder

5.4 INDUKTIVITÄT UND ENERGIEINHALT DER TOROIDSPULE

Ein abgeschlossener magnetischer Feldraum entsteht z.B. dadurch, dass man auf einen rohrförmigen zylindrischen Träger eine Anzahl Windungen N aus isoliertem Kupferdraht gleichmässig aufwickelt. Wir nennen eine solche Anordnung eine Toroidspule. Dass das magnetische Feld überall ausser im Torus Null sein muss, ergibt sich aus dem Durchflutungsgesetz

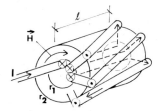

Fig. 44: Toroidspule
($N=3$ Windungen)

1. weil in der Bohrung $0 < r < r_1$ überall $\theta = 0$,
2. weil im Aussenraum $r_2 < r < \infty$ die resultierende Durchflutung ebenfalls $\theta = 0$ ist (die inneren und die äusseren Ströme heben sich auf).

Im Torusraum dagegen ($r_1 < r < r_2$) ist

$$2\pi r \cdot H(r) = \theta = NI$$

$$H(r) = \frac{\theta}{2\pi r}. \tag{5.20}$$

Mit der sogenannten Permeabilität des Torusmaterials $\mu = B/H$ (siehe Abschnitt 5.5) berechnet sich der Induktionsfluss aus

$$\Phi = \int_{r_1}^{r_2} B \cdot dA = l \int_{r_1}^{r_2} B \cdot dr = \frac{\mu l}{2\pi} \int_{r_1}^{r_2} \frac{dr}{r} \cdot \theta$$

$$\frac{\Phi}{\theta} = \frac{\mu l}{2\pi} \cdot \ln \frac{r_2}{r_1} \tag{5.21}$$

Es gibt also eine ähnliche lineare Beziehung Φ/θ wie zwischen Ladung und Spannung eines Kondensators Q/U; der Proportionalitätsfaktor des magnetischen Feldspeichers heisst

magnetischer Leitwert:

$$\Lambda = \frac{\Phi}{\theta}$$

$$[\Lambda] = \frac{1 \text{ Vs}}{1 \text{ A}} = 1 \text{ H (Henry)} \tag{5.22}$$

Wir wollen eine Spule mit einer Windungszahl N an eine Spannungsquelle anschliessen. Dann enthält die elektrische Er-

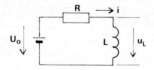 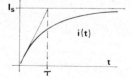

Fig. 45: Ladevorgang einer Spule

(5.4) Induktivität und Energieinhalt der Toroidspule

satzschaltung einen Widerstand R (welcher sich aus dem Wicklungswiderstand und dem inneren Widerstand der Quelle zusammensetzen möge), sowie ausserdem ein Schaltungselement mit der Eigenschaft L, die noch zu definieren ist. Der sogenannte „induktive" Spannungsabfall u_L über dem neuen Schaltungselement berechnet sich auf Grund des Induktionsgesetzes, wobei das N-fache Umlaufintegral der Wirbelfeldstärke $\vec{K}_i$ anzuwenden ist — die Windungen der Spule sind schliesslich elektrisch in Reihe geschaltet.

Induktionsgesetz bei N Windungen:

$$u_L = N \cdot \frac{d\Phi}{dt}$$

$$= N\Lambda \cdot \frac{d\theta}{dt}$$

$$= N^2 \Lambda \cdot \frac{di}{dt} = L \cdot \frac{di}{dt} \tag{5.23}$$

Induktivität eines Stromkreises:

$$L = N^2 \cdot \Lambda$$
$$[L] = 1 \text{ H} \tag{5.24}$$

Die Anwendung der Maschenregel führt auf einen Differentialgleichungsansatz vom gleichen Typ wie beim Kondensator (Gl. 4.19) und auf einen entsprechenden exponentiellen Stromverlauf, dessen stationärer Endwert (auch Sättigungsstrom genannt) nur vom Ohmschen Widerstand R abhängt:

$$L\frac{di}{dt} + Ri = U_0$$

$t \to \infty$, $di/dt = 0$: $\quad I_s = U_0/R$

$$\frac{L}{R}\frac{di}{dt} + i = I_s$$

$$i = I_s\left(1 - e^{-\frac{t}{\tau}}\right) \tag{5.25}$$

Induktive Zeitkonstante:

$$\tau = \frac{L}{R} \qquad (5.26)$$

Aus der Leistung $u_L \cdot i$, welche die Induktivität L der Spule im Verlaufe des Ladevorgangs aufnimmt, berechnet sich die im Magnetfeld gespeicherte Energie wie folgt:

$$W_m = \int_0^\infty u_L \cdot i \cdot dt = \int_0^\infty L i \frac{di}{dt} dt$$

$$= LI_s^2 \int_0^\infty e^{-\frac{t}{\tau}} (1 - e^{-\frac{t}{\tau}}) d\left(\frac{t}{\tau}\right)$$

$$= LI_s^2 \left\{ [e^{-\frac{t}{\tau}}]_\infty^0 - \frac{1}{2} [e^{-\frac{2t}{\tau}}]_\infty^0 \right\}$$

$$W_m = \frac{1}{2} L I_s^2 \qquad (5.27)$$

Setzt man in Gl. 5.27 wieder ein: $I_s = \theta/N$, $L = N^2 \Lambda$, so ist der Zusammenhang mit Gl. 5.10 hergestellt. Der Energieinhalt einer Spule mit N Windungen hat demnach (bei gleichem Fluss Φ) den N-fachen Betrag gegenüber einem einzelnen Draht:

$$I \to \theta: \qquad W_m = \frac{1}{2} \Lambda \theta^2 = \frac{1}{2} \Phi \cdot \theta = \frac{1}{2} \frac{\Phi^2}{\Lambda} \qquad (5.28)$$

Ganz ähnlich wie im elektrostatischen Feld des Kondensators (siehe Gl. 4.14) lässt sich eine *magnetische Energiedichte* definieren:

$$\left. \begin{array}{l} \Phi = B \cdot A \\ \theta = \oint H \cdot ds \end{array} \right\} V = \oint A \cdot ds:$$

$$W_m = \frac{1}{2} B \cdot H \cdot V$$

$$\frac{W_m}{V} = \frac{1}{2} B \cdot H = \frac{1}{2} \mu H^2 \qquad (5.29)$$

5.5 FERROMAGNETISMUS

5.5.1 *Magnetisierung, Permeabilität und Hysterese*

Schon das einfachste Atom (Wasserstoff) trägt in sich eine magnetische Eigenschaft, indem das den Atomkern umkreisende Elektron einen elementaren Stromkreis darstellt, welcher ein magnetisches Feld in der Bahnachse erzeugen kann. Allerdings sorgt die allgegenwärtige Temperaturbewegung für einen Zustand idealer Unordnung, sodass man „äusserlich nichts merkt". Bestimmte Materialien (Eisen, Nickel, Kobalt und deren Legierungen) weisen nun in ihrem kristallinen Gefüge Atomgruppen mit deutlich resultierendem „electron spin" auf. Diese an sich wiederum ungeordneten Elementarmagnete (Weiss'sche Bezirke) sind durch elastische Kräfte im Gefüge verankert. Durch ein von aussen eingebrachtes *H*-Feld (als Anregung) lassen sich die Elementarmagnete mehr oder weniger ausrichten, was die gleiche Wirkung hat wie eine zusätzliche innere Durchflutung θ_i, welche den Eisenkern in seiner äusseren Berandung wie eine scheinbare Spule umgibt, siehe Fig. 46.

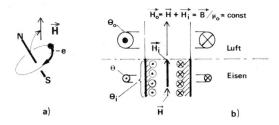

Fig. 46: Eisenmagnetisierung
a) Ausrichtung eines Elementarmagneten
b) Luft- und Eisenpfad bei gleicher Flussdichte (B=const.)

Die „quasi-kinetische Energie" des äusseren Stromkreises $W_m = \frac{1}{2} \Phi\theta = \frac{1}{2} BH \cdot V$ ist infolgedessen geringer als ohne die zusätzliche innere Hilfe, weil weniger Amperewindungen zur Aufrechterhaltung des Flusses Φ (oder des Zustandes B) erforderlich sind.

Die durch innere Durchflutung bedingte *Magnetisierungsstärke* H_i repräsentiert den gegenüber H_0 eingesparten Feldstärkebetrag

$$H_i = H_0 - H$$

H_i hat also eine ähnliche Wirkung wie die entelektrisierende Feldstärke K_{pol} in einem elektrostatischen Feld. Die resultierende (=auf den äusseren Stromkreis zu beziehende) Feldstärke H verringert sich also im Verhältnis der zu vergleichenden Energiebeträge oder Durchflutungen. Wir nennen das Verhältnis die

relative Permeabilität:

$$\mu_r = \frac{W_{m0}}{W_m} = \frac{\theta_0}{\theta} = \frac{H_0}{H} = 1 + \frac{H_i}{H} \qquad (5.30)$$

Aus der Natur des Ausrichtungsvorgangs, siehe Fig. 46a, ist verständlich, dass die Proportionalität

$$B = \mu \cdot H = \mu_r \mu_0 H \qquad (5.31)$$

eine Grenze haben muss. Wir bezeichnen diesen Grenzzustand, welcher erreicht ist, sobald alle Elementarmagnete mit dem H-Feld gleichgerichtet sind, als *Sättigung* (Vorrat innerer Durchflutungen erschöpft, weitere Steigerung nicht möglich). Im Gegensatz zu den Verhältnissen in einem Dielektrikum, wo das Ende der linearen Kennlinie $D = \varepsilon \cdot K$ meistens einer materiellen Katastrophe gleichkommt (Durchschlag), werden magnetische Materialien durch eine (grundsätzlich unbeschränkte) Magnetisierungs-Kennlinie charakterisiert. Einer Grobeinteilung entsprechend Fig. 47 zufolge sind weich- und hart-magnetische Baustoffe zu unterscheiden.

Weichmagnetische Materialien wie kohlenstoffarmes Eisen und bestimmte Nickel-Eisenlegierungen sollen ein möglichst grosses μ_r (grosse Kennliniensteilheit) und ein möglichst grosses B_s haben. Im Bereich der Anfangssteigung kommen μ_r-Werte der Grössenordnung

$$B \ll B_s: \qquad \mu_r = 10^3 \dots 10^5$$

(5.5.1) Magnetisierung, Permeabilität und Hysterese

vor. Im Bereich der Sättigungsinduktion

$$B_s = 0{,}5 \ldots 2T$$

strebt dagegen μ_r asymptotisch gegen 1:

$$\lim_{B \to B_s} \frac{dB}{dH} = \mu_0 \quad (\mu_r \to 1)$$

Der Ordnungszustand der mehr oder weniger ausgerichteten Elementarmagnete ist auch eine Funktion der Temperatur; hohe Temperaturen begünstigen die „ideale Unordnung". Ober-

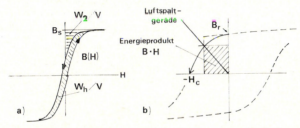

Fig. 47: Magnetisierungskennlinien (= Hystereseschleifen)
a) weichmagnetisch: Dynamoblech
b) hartmagnetisch: Kobaltstahl

halb einer als Curie-Punkt bezeichneten Temperaturschwelle (760 °C für Eisen) verschwinden die ferromagnetischen Qualitäten, wobei dann zu setzen ist:

$$\vartheta > 760\,°C: \qquad \mu_r = 1$$

Die weichmagnetischen Materialien sind dazu bestimmt, einen Induktionsfluss mit minimalem elektrischem Aufwand fortzuleiten. Die bei der „Auf"-Magnetisierung des Eisens über den Stromkreis zugeführte Energie

$$W_1 = \int i \cdot u \cdot dt = \int \theta \cdot d\Phi = V \cdot \int_0^{B_s} H \cdot dB$$

wird aber bei anschliessender „Ab"-Magnetisierung infolge

innerer Reibung der Elementarmagnete nur teilweise wieder zurückgewonnen, sodass mit Fig. 47a

$H > 0$, $dB < 0$:

$$W_2 = V \cdot \int_{B_s}^{0} H \cdot dB \approx -W_1$$

$$W_1 \gg W_1 + W_2 > 0$$

Bei einem vollständigen Zyklus (= Kreisprozess: $B = -B_s \to \to 0 \to +B_s \to -B_s$) entsteht ein Energieverlust (= Wärme), welcher je Volumeneinheit gerechnet dem Flächeninhalt der Hystereseschleife entspricht:

Ummagnetisierungs-(= Hysterese)verlust:

$$\frac{W_h}{V} = \oint H \cdot dB \tag{5.32}$$

Weichmagnetische Materialien besitzen eine möglichst schlanke Hystereseschleife.

Als *hartmagnetische* Werkstoffe werden demgegenüber Stähle und Sonderlegierungen mit Zusätzen von Co, Ni, Al, Cr, Ti bezeichnet, welche eine möglichst dickbäuchige Schleife, ähnlich Fig. 47b, aufweisen. Diese Materialien haben eine so grosse innere Reibung, dass man ihr „Gedächtnis für den vorausgegangenen Aufmagnetisierungsvorgang" für die Konstruktion von Dauermagneten ausnützen kann. Dabei ist die *Entmagnetisierungslinie* im II. Quadraten entscheidend, welche durch die Remanenzinduktion B_r, durch Koerzitiv-Feldstärke H_c und durch das Energieprodukt $(BH)_{max}$ ausreichend gekennzeichnet ist.

5.5.2 *Dauermagnetischer und elektromagnetischer Kreis*

Bei einem Permanent-(= Dauer)magneten wird auf dem fallenden Ast von Fig. 47b zwischen $B = B_r$ und $H = -H_c$ nicht nur keine Energie zurückgewonnen, sondern es muss im Gegenteil sogar Energie aufgewendet werden, um die Entmagnetisierung zu bewirken. Dabei hat ein Luftspalt im magnetischen Kreis dieselben Wirkung wie eine fiktive elektrische Gegendurchflutung. Das Durchflutungsgesetz in Abschn. 5.2 hat nämlich eine 4. bisher nicht erwähnte Konsequenz:

Die Rechenvorschrift $\oint \vec{H} \cdot d\vec{s}$ enthält keinerlei Beschränkungen über die Verteilung von H. *Die Feldstärke H braucht deshalb in Feldrichtung weder gleichmässig noch stetig verteilt zu sein.* Sie kann sogar (in einem dauermagnetischen Kreis) auf Teilabschnitten des Umlaufs entgegengesetzte Richtungen aufweisen. Unter diesen Umständen entartet das Durchflutungsgesetz in die für wirbelfreie Quellenfelder typische Form (genau die gleiche Aussage wie der 2. Kirchhoffsche Satz in einem Stromkreis, siehe Gl. 2.10).

$$\oint \vec{H} \cdot d\vec{s} = 0 \qquad \text{entspricht} \qquad \oint \vec{K} \cdot d\vec{s} = 0$$

Die „Ersatz-Quellpunkte" des dauermagnetischen Kreises heissen Nordpol (N) und Südpol (S). Wir wollen einen permanentmagnetischen Kreis betrachten, der aus einem Dauermagneten (Teilumfang s), aus einem weichmagnetischen Teil (s_1) und aus einem Luftspalt (Spaltbreite δ) bestehen möge.

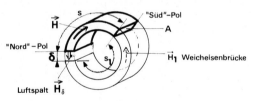

Fig. 48: Dauermagnetischer Kreis

Angenommen, der Querschnitt A sei längs des ganzen Umlaufweges konstant (der magnetische Raum sei einfachkeitshalber durch einen dünnwandigen Torus darstellbar): Dann gilt wegen $\Phi = \text{const.}$ auch angenähert $B_\delta = B_1 = B$. Mit der Feldstärke im Luftspalt

$$H_\delta = \frac{B}{\mu_0}$$

liefert uns das Durchflutungsgesetz die folgende Beziehung:

$$\oint \vec{H} \cdot d\vec{s} = 0$$

bei vorläufig gleichsinnigem Ansatz, Zählrichtung links herum:

$$H_\delta \cdot \delta + H_1 \cdot s_1 + H \cdot s = 0$$

$$H_1 = \frac{B}{\mu_0 \mu_r} = \frac{H_\delta}{\mu_r}$$

$$H_\delta \cdot \left(\delta + \frac{s_1}{\mu_r}\right) + H \cdot s = 0 \quad \left(\mu_r \approx 10^4 : \frac{s_1}{\mu_r} \ll \delta\right)$$

$$H = -H_\delta \cdot \frac{\delta}{s}$$

Luftspaltgerade:

$$B = \mu_0 H_\delta = -\mu_0 \cdot \frac{s}{\delta} \cdot H \qquad (5.33)$$

Anderseits ist auch $B = B(H)$ als Entmagnetisierungslinie des Dauermagneten, siehe Fig. 47b, gegeben. Es stellt sich deshalb ein Arbeitspunkt ein, welcher den Schnittpunkt der Kennlinie mit der Luftspaltgeraden gemäss Gl. 5.33 bezeichnet.

Nach der *Analogmethode* darf man den magnetischen Kreis wie eine vergleichbare elektrische Schaltung behandeln. Dies hat für uns den Vorteil, sämtliche in den Abschn. 2 und 3 erläuterten Regeln anwenden zu können. Ausserdem kommen in einer Analogschaltung für den magnetischen Kreis die grundsätzlichen Dualitäten zwischen elektrischen und magnetischen Grössen zum Ausdruck, wobei im wesentlichen der Vergleich auf einer Vertauschung der Einheiten Ampere und Volt basiert:

Induktionsfluss $\quad [\Phi] = Vs \quad$ entspricht
$\qquad\qquad\qquad\qquad\qquad$ el. Strom $\qquad [I] = A$
magn. Spannungen $[U_m] = A \quad$ entsprechen
$\qquad\qquad\qquad\qquad\qquad$ el. Spannungen $[U] = V$
Durchflutung $\qquad [\theta] = A \quad$ entspricht
$\qquad\qquad\qquad\qquad\qquad$ EMK $\qquad\qquad [E] = V$
magn. Widerstände $[R_m] = A/Vs \quad$ entsprechen
(reziprok Λ)
$\qquad\qquad\qquad\qquad\qquad$ el. Widerst. $\qquad [R] = V/A$

In der Schaltung von Fig. 49a übernimmt der Permanentmagnet die Rolle einer „Nicht-ganz-Konstant"-Stromquelle mit eingeprägtem Kurzschlusstrom. Demgegenüber erscheint ein mit konstantem Strom erregter *Elektromagnet* als eine Schaltung, in welcher die magnetischen Widerstände gleichermassen an eine „Konstantspannungsquelle" angeschlossen sind, siehe Fig. 49b. In dieser Schaltung muss man zuerst die Summe der magn. Widerstände berechnen, wenn man den Fluss bestimmen will. Bei vernachlässigbarem Eisenwiderstand (auch magn. Widerstand = Reluktanz genannt) läuft die Aufgabe auf die Bestimmung des magnetischen Luftspaltleitwertes hinaus.

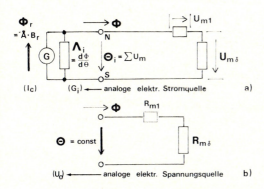

Fig. 49: Analoge „Schaltung" magnetischer Kreise
a) Dauermagnet
b) Elektromagnet

In einem aus weichem Eisen und Luft zusammengesetzten Elektromagneten, dessen magnetischer Pfad, ohne Rücksicht auf die Zahl der Luftspalte, einen Umlaufweit (= Umfang)

$$\oint ds = \delta + s_1$$

hat, setzen wir

$$\Phi = B \cdot A$$

$$\theta = \oint \vec{H} \cdot d\vec{s} = H_\delta \cdot \delta + H_1 \cdot s_1 \approx H_\delta \cdot \delta$$

$$\Lambda = \frac{\Phi}{\theta} = \frac{1}{R_{m\delta} + R_{m1}} \approx \frac{1}{R_{m\delta}} = \frac{B}{H_\delta} \cdot \frac{A}{\delta}$$

magnetischer Luftspalt-Leitwert:

$$\Lambda_\delta = \frac{1}{R_{m\delta}} = \mu_0 \cdot \frac{A}{\delta} \tag{5.34}$$

6. Energieumsatz und Kräfte im magnetischen Feld

6.1 ZUGKRAFT DES ELEKTROMAGNETEN

Die Einrichtung von Fig. 50 kann dazu dienen, mechanische Arbeit zu verrichten, falls man beispielsweise 2 Luftspalte anordnet, sodass wenigstens einem der beiden Eisenteile ein Bewegungsspielraum x in Richtung des Magnetfeldes und der magnetischen Zugkraft gegeben wird. Der bewegliche Teil des magnetischen Kreises heisst *Anker*. Die Zugkraft F hängt natürlich nicht davon ab, ob sich der Anker bewegt, aber zur Berechnung der Kraft sei angenommen, dass unabhängig von

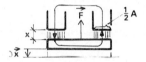

Fig. 50: Reine Zugkraft eines Magnetankers

Zeit und Geschwindigkeit eine kleine (im Prinzip endliche = sogenannte virtuelle) Verschiebung ∂x vorkomme. Da bezüglich der Zeit keine Einschränkungen zu machen sind, soll weiterhin angenommen werden, dass die Verschiebung in unendlich kurzer Zeit $dt \to 0$ vorgenommen werde. Dann kann sich der (mit Trägheitseigenschaften behaftete) Fluss Φ in so kurzer Zeit nicht ändern, weil sonst eine unendlich grosse induktive Spannung $u_L \sim d\Phi/dt \to \infty$ erzeugt werden würde, was in einem geschlossenen Stromkreis nicht möglich ist:

$$u_L = N \cdot \frac{d\Phi}{dt} \text{ unmöglich unendlich gross, praktisch} \approx 0$$

6. Energieumsatz und Kräfte im magnetischen Feld

Die Magnetspule darf deshalb für das Zeitintervall dt durch eine Ersatzschaltung dargestellt werden, welche in eine kurzgeschlossene Induktivität (=gegenüber der Stromquelle abgeschlossenes System) und in die stationäre Heizeinrichtung (im Prinzip unerwünschte Spulenverluste) zerfällt.

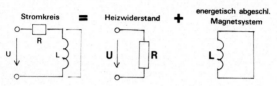

Fig. 51: Ersatzschaltung des Zugmagneten

Wenn man nun die Induktivität als mit der Stromquelle nicht verbunden ansehen darf, dann muss die nachfolgende Energiebilanz zwischen dem Inhalt des magnetischen Feldes und der mechanischen Arbeitsleistung des Ankers Gültigkeit haben:

$$\left.\begin{array}{l} dt = 0 \\ u_L \neq \infty \end{array}\right\} d\Phi = 0, \ \Phi = \text{const}:$$

$$\vec{F} \cdot \partial \vec{x} + \partial W_m = 0$$

$$F = \frac{\partial W_m}{\partial x} \tag{6.1}$$

Setzt man den Energieinhalt der Luftspalte gemäss Gl. 5.29

$$W_m(x) = \frac{1}{2} \frac{B^2}{\mu_0} \cdot Ax$$

so wird die *reine Zugkraft:*

$$F = F_x = \frac{1}{2} \frac{B^2}{\mu_0} \cdot A \tag{6.2}$$

Die Kraftentfaltung von Magnetfeldern ist indessen nicht unbedingt auf Längskomponenten F_x in Richtung des Luftspaltfeldes beschränkt. Beispielsweise kann man sich nach

(6.1) Zugkraft des Elektromagneten

Fig. 52 einen Elektromagneten mit versetzten Polkanten vorstellen, welcher in einem allgemeinen Fall einen vektoriellen Bewegungsspielraum $\partial \vec{s}$ mit Komponenten aller 3 Raumachsen enthalten kann. Dann kann Gl. 6.1 in folgender Form geschrieben werden:

$$\Phi = \text{const}: \qquad \vec{F} \cdot \partial \vec{s} + \partial W_m = 0$$

$$\partial W_m = \partial \left(\frac{1}{2} \frac{\Phi^2}{\Lambda} \right) = -\frac{1}{2} \Phi^2 \cdot \frac{\partial \Lambda}{\Lambda^2} \qquad (6.3)$$

Setzt man hierin gemäss Gl. 5.34 $\Lambda = \mu_0 yz/x$, so gilt:

$$\frac{\partial \Lambda}{\Lambda^2} = \frac{x}{\mu_0 yz} \left(\frac{\partial y}{y} + \frac{\partial z}{z} - \frac{\partial x}{x} \right) \qquad (6.4)$$

Der spezielle Fall $\delta y = \delta z = 0$ führt in Übereinstimmung mit Gl. 6.2 auf eine reine mechanische Zugspannung:

$$-F_x \partial x + \frac{1}{2} \frac{B^2 y^2 z^2}{\mu_0 yz} \partial x = 0$$

Zugspannung: $\qquad \sigma = \dfrac{F_x}{yz} = \dfrac{1}{2} \dfrac{B^2}{\mu_0} \qquad (6.5)$

Mit einem Freiheitsgrad in der Ebene der Polflächen (z.B. $\partial x = \partial z = 0$) resultiert jedoch eine Seiten-*Druckspannung* des

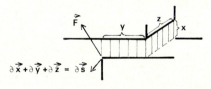

Fig. 52: Allgemeines elektromagnetisches Prinzip

Feldes. Das Feld hat die Tendenz, kürzer **und** breiter zu werden, also Λ zu vergrössern. Wenn y wächst, so sind $\partial \vec{y}$ und $\vec{F}$ gleich gerichtet. Der Betrag der auf die seitliche Begrenzungsfläche des Feldraumes xz einwirkenden mechanischen Druckspannung ergibt sich (genau gleich wie die Zugspannung) als Energiedichte des Feldes:

$$F_y \, \partial y - \frac{1}{2} \frac{B^2 y^2 z^2}{\mu_0 y^2 z} \cdot x \, \partial y = 0$$

$$F_y = \frac{1}{2} \frac{B^2}{\mu_0} \cdot xz$$

Druckspannung: $\quad \sigma = \dfrac{F_y}{xz} = \dfrac{F_x}{yz} = \dfrac{W_m}{xyz} = \dfrac{1}{2} \dfrac{B^2}{\mu_0}$ \quad (6.6)

Obenstehende Regel: Zug/Druckspannung = Energiedichte gilt gleichermassen für alle Energie speichernden Felder, also auch für das elektrostatische Feld. Die besondere praktische Bedeutung geht aus der realisierbaren Grössenordnung hervor:

Magnetisches Feld bei

$B_s = 1{,}5 \text{ T} \quad \rightarrow \quad W_m/V \approx 0{,}9 \text{ Ws/cm}^3$

Elektrisches Feld bei

$K_d = 30 \text{ kV/cm} \quad \rightarrow \quad W_e/V \approx 40 \,\mu \text{ Ws/cm}^3$

6.2 STROMKRÄFTE IM MAGNETISCHEN FELD

Seitenkräfte kommen nicht nur in einem Elektromagneten mit versetzten Polkanten vor, sondern auch dann, wenn der Anker stromdurchflossene Leiter enthält. Dabei ist die sogenannte *elektrodynamische Seitenkraft* anschaulich als Folge einer Feldverdrängung zu erklären.

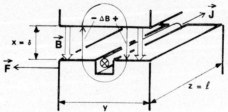

Fig. 53: Elektrodynamisches Kraftprinzip

Die Durchflutung des Ankers $\theta = N \cdot I$ bewirkt nämlich im Luftspalt eine zusätzliche, dem ursprünglichen Felde B überlagerte Feldstärke und Induktion $\pm \Delta B$:

$$\oint \vec{H} \cdot d\vec{s} = \theta : \qquad \Delta H \cdot 2x = \theta$$

$$\Delta B = \mu_0 \cdot \frac{\theta}{2x} \qquad (6.7)$$

Addiert man links und rechts vom Leiter unter Berücksichtigung des richtigen Vorzeichens von ΔB, so resultieren unterschiedliche Seitendruckspannungen, welche die Stromkraft des Ankers begründen:

$$F = \frac{xz}{2\mu_0} \left[\left(B + \mu_0 \frac{\theta}{2x} \right)^2 - \left(B - \mu_0 \frac{\theta}{2x} \right)^2 \right]$$

$$= \frac{xz}{2\mu_0} \cdot \frac{4B\mu_0 \theta}{2x} = B \cdot \theta \cdot z \qquad (6.8)$$

Unabhängig von irgend welchen konstruktiven Gegebenheiten, wie Einbettung eines Drahtbündels in eine Nut nach Fig. 53 (was meistens zum Schutz der Drähte gegen mechanische Beschädigung nötig ist), wirkt die Kraft auch auf jeden einzelnen Draht. Für die

Stromkraft des einzelnen Leiters

$$z = l, \; \theta \to I : \qquad F = I \cdot B \cdot l \qquad (6.9)$$

wird in anderen Zusammenhängen auch die Bezeichnung „Biot-Savartsches Gesetz" oder „Lorentz-Kraft" verwendet. Die Richtung der Kraft hängt mit den Vektoren der Stromdichte $\vec{J}$ und der Induktion $\vec{B}$ nach einem Vektorprodukt zusammen. Ist S der Querschnitt und V das Volumen des stromführenden Leiters, so erhält Gl. 6.9 die folgende Gestalt:

$$V = S \cdot l : \qquad \vec{F} = V \cdot (\vec{J} \times \vec{B}) \qquad (6.10)$$

6. Energieumsatz und Kräfte im magnetischen Feld

Die wichtigsten elektro-mechanischen Energiewandler (elektrische Maschinen) nutzen die elektrodynamischen Kräfte vieler stromdurchflossener Ankerleiter, welche zu Spulen und Spulengruppen zusammengeschlossen sind. Die Ankerspulen

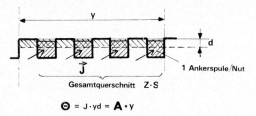

Fig. 54: Zur Definition des Strombelages

werden in y-Richtung (d. h. in Kraftrichtung) gleichmässig in einer Vielzahl nebeneinanderliegender Nuten untergebracht. Es mag daher sinnvoll erscheinen, wenn man das aktive Volumen aller Drähte (Z=Anzahl der Drähte) $V=ZSl$ durch eine imaginäre gleichmässig stromführende Schicht der Dicke d ersetzt, sodass
$$\theta = J \cdot yd = A \cdot y$$
Nach Einführung der

Linienstromdichte (=„Ankerstrombelag")

$$A = J \cdot d = \frac{\theta}{y} \qquad (6.11)$$

lässt sich die gesamte Schubkraft eines Ankers in einfachster Weise mithilfe einer mechanischen Schubspannung τ berechnen; diese ist aber das Produkt von nur zwei Faktoren, einer elektrischen (A) und einer magnetischen Beanspruchungsgrösse (B):

Schubspannung einer elektrodynamischen Einrichtung

$$F = \theta B l = AB \cdot yl$$

$$\tau = \frac{F}{yl} = A \cdot B \qquad (6.12)$$

6.3 Bewegungsspannung und elektrodynamischer Leistungsumsatz

Das rein elektromagnetische Prinzip eines Zugmagneten nach Abschn. 6.1 ermöglicht mechanische Arbeitsleistung nur durch Aufzehrung eines Feldspeichers, woraus geschlossen werden kann, dass ein kontinuierlicher elektromechanischer Prozess unmöglich ist (der Feldspeicher muss intermittierend nach jeder Entleerung wieder gefüllt werden, z.B. Ausschalten und Wiedereinschalten des Zugmagneten). Ganz anders beim elektrodynamischen Modell: Hier wird der magnetische Kreislauf durch die Stromkräfte und Bewegungen einer quergestellten Ankerspule nicht beeinflusst. Stattdessen findet eine *direkte elektromechanische Energieumwandlung im Anker* statt. Eine Handhabe zu dieser direkten Energieumsetzung bietet das Induktionsgesetz.

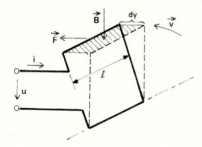

Fig. 55: Entstehung der Bewegungsspannung

Angenommen, ein Stromkreis nach Fig. 55 sei derart angeordnet, dass sich nur 1 Leiter senkrecht zu einem homogenen Magnetfeld $\vec{B}$ bewegen kann. Beispielsweise könnte die das Feld ebenfalls kreuzende Rückleitung der Spule im Drehzentrum angebracht sein.

Wenn sich der aktive Leiter innerhalb eines Zeitintervalls dt um ein Wegdifferential dy in Richtung der Stromkraft $\vec{F}$ verschieben lässt, so wird die Einrichtung eine motorische mechanische Leistung abgeben:

$$P_{mec} = \vec{F} \cdot \vec{v} = iBl \cdot \frac{dy}{dt} \qquad (6.13)$$

Gleichzeitig bringt die Verschiebung des Leiters eine Veränderung des vom Stromkreis umfaßten Induktionsflusses mit sich:

$$d\Phi = B \cdot l \, dy \qquad (6.14)$$

Unter dem Begriff „Bewegungsspannung" sei diejenige Spannung verstanden, welche bei unveränderlichem Feld (B=const.) durch Bewegung einer zum Feld quergestellten Spule entsteht. Die

Bewegungsspannung (je Leiter gerechnet)

$$u = \frac{d\Phi}{dt} = Bl \cdot \frac{dy}{dt} = B \cdot l \cdot v \qquad (6.15)$$

stellt das Energieäquivalent direkten elektromechanischen Leistungsumsatzes dar, wie ohne weiteres aus einem Vergleich von Gl. 6.13 und 6.16 abgelesen werden kann:

$$P_e = u \cdot i = Blv \cdot i \qquad (6.16)$$

$$P_e \equiv P_{mec}$$

7. Messtechnik I

7.1 Das Drehspulmesswerk: Wirkungsweise, statischer Ausschlag, Messbereichswahl

Das Drehspulsystem (symbolisches Zeichen ⌒) als wichtigstes elektrisches Messgerät stellt zugleich einen Modellfall für die elektrodynamische Kraftentfaltung dar. In einem homogenen zylindrischen Magnetfeld nach Fig. 56a (3) ist eine rechteckige Messpule (5) leicht drehbar gelagert. Leicht drehbar bedeutet: Reduktion des unvermeidlichen Lagerreibungs-Haftmomentes auf kleinstmögliche Werte $T_r \ll$. Erfüllt wird diese Forderung durch 2 Massnahmen:

1. geeignete Lagerkonstruktion, im allgemeinen polierte Stahlspitzen (Wellenende) in Edelsteinpfannen (Saphir),
2. genügende Vorspannung zweier gegeneinander wirkender Torsionsfedern (i. allg. Spiralfedern, welche zugleich zur Stromzuführung benutzt werden — die Spiralfeder ist in Wahrheit eine aufgewickelte Biegefeder).

Ohne Einwirkung von Stromkräften (Ruhelage: $\alpha = 0$) befindet sich nämlich das System Spule + Zeiger in folgendem Gleichgewicht:

$$T_{f1} - T_{f2} \pm T_r = 0$$

$$k_f(\alpha_0 + \alpha_r) - k_f(\alpha_0 - \alpha_r) = |\mp T_r| = T_r$$

$$\alpha_r = \frac{T_r}{2k_f} \tag{7.1}$$

Der relative Anzeigefehler durch Reibung Δ_{rr} (eine der wichtigsten aleatorischen, d. h. nicht quantitativ vorhersehbaren, Fehlerursachen) hängt mit dem mittleren Drehmoment beider Federn zusammen. Er ist im Prinzip nicht vom Ausschlag abhängig:

$$\Delta_{rr} = \frac{\alpha_r}{\alpha_{m(ax)}} \approx \frac{\alpha_r}{\alpha_0} \Bigg\}$$

$$k_f = \frac{T_m}{\alpha_0}$$

$$\Delta_{rr} = \frac{T_r}{2T_m} = \frac{T_r}{2k_f \alpha_0} \tag{7.2}$$

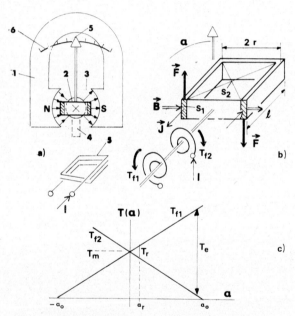

Fig. 56: Drehspulsystem
a) Anordnung des magnetischen Kreises und der Messpule
  1 Dauermagnet mit zylindr. Polschuhen N, S
  2 weichmagnetischer zylindrischer Kern
  3 homogenes magnetisches Wechselpolfeld (Luftspalt)
  4 unmagnetische Kernstütze
  5 drehbar gelagerte Rahmenspule mit Zeiger
  6 linear geteilte feststehende Skala
b) statische Kräfte am Spulensystem
c) statischer Gleichgewichtszustand der Drehmomente

(7.1) Drehspulmesswerk: statische Wirkungsweise

Die Sicherheit der Anzeige hängt demnach auch indirekt von der Federkonstanten k_f und von der Vorspannung α_0 ab. Andere nicht genau erfassbare Einflüsse sind z.B. Teilungsfehler der Skala, Veränderungen der Bauteile durch Temperatureinwirkung oder Alter, usw. Es werden nun alle möglichen Einflüsse zu einem Begriff zusammengefasst, der für Messeinrichtungen von sehr entscheidender Bedeutung ist: das ist der Begriff der Genauigkeitsklasse. Die Genauigkeitsklasse gibt an, wie gross der gesamte Fehler im Verhältnis zum Vollausschlag des Messgeräts sein darf, wenn das Instrument in Ordnung ist und richtig abgelesen wird. Die Klasse wird vom Herstellerwerk garantiert und muss z.B. für ein Präzisionsinstrument ($E_a = 0,2\%$) durch ein Eichzertifikat (neueren Datums!) belegt werden.

Setzt man jetzt einmal $E_a = 0$, $\Delta_{rr} = 0$, so gilt für das aktivierte System:

$$T_e = T_{f1} - T_{f2} = T_f$$

$$= k_f[(\alpha_0 + \alpha) - (\alpha_0 - \alpha)]$$

$$T_e = 2k_f \cdot \alpha \tag{7.3}$$

Das Messgerät stellt also eine *Federwaage für elektrisch erzeugte Drehmomente* dar.

Das elektrisch erzeugte Drehmoment besteht aus einem Kräftepaar gemäss Fig. 56b, mit der elektrodynamischen Stromkraft nach Gl. 6.12:

$$T_e = 2rF$$

$$\vec{F} = (\vec{J} \times \vec{B}) \cdot S_1 l$$

$$F = |\vec{F}| = B\theta l$$

$2rl = S_2 =$ lichte Spulenweite

$N = \theta/I =$ Windungszahl

$$T_e = S_2 BN \cdot I \tag{7.4}$$

Der Ausschlag des Drehspulinstruments muss also eine lineare Stromabhängigkeit aufweisen:

$$S_2 BN \cdot I = 2k_f \cdot \alpha$$

$$\alpha = \frac{S_2 BN}{2k_f} \cdot I \qquad (7.5)$$

Wie Sie aus Gl. 7.5 ersehen können, enthält der die Stromempfindlichkeit kennzeichnende Faktor unter anderen konstruktiven Parametern die Windungszahl N der Spule:

Stromempfindlichkeit

$$\frac{\alpha}{I} = \frac{\alpha_{m(ax)}}{I_{m(ax)}} = \frac{S_2 B}{2k_f} \cdot N$$

bzw. $\qquad \dfrac{1}{I_m} = \dfrac{R_m}{U_m} \quad \text{in} \quad \dfrac{\Omega}{V} \qquad (7.6)$

Die Windungszahl beeinflusst nicht nur die Stromempfindlichkeit, sondern zugleich den Widerstand R_m der Drehspule. Beispielsweise sei angenommen, dass alle anderen Parameter gegeben sind. Dann folgt bei $\theta = \theta_m = $ const. (gleicher Maximalausschlag):

$$R_m \sim \varrho \, \frac{Nl}{\dfrac{S_1}{N}} \sim N^2$$

$$I_m = \frac{\theta_m}{N} \sim N^{-1}$$

$$U_m = R_m I_m \sim N$$

$$P_m = U_m I_m = \text{const.} \, (N) \qquad (7.7)$$

Die Leistungsaufnahme des Messwerks lässt sich also nicht mit der Windungszahl, sondern nur über die Rahmengrösse (S_2), über das magnetische Feld (B), oder über die Federkonstante (k_f) verringern. Obwohl man hochempfindliche Anzeigegeräte mit äusserst geringem Leistungsverbrauch (z.B. sogenannte Galvanometer) bauen kann, verbietet sich die Unterschreitung einer gewissen Leistungsgrenze aus 2 Gründen:

1. wegen der geforderten Robustheit für Betriebsmessgeräte (Vibrations- und Stossbeanspruchung: kleine Spule $-S_2<$, starke Federn $-k_f>$),
2. wegen der geforderten Genauigkeit für Präzisionsmessgeräte (lange extrem lineare Skala, minimaler Reibungseinfluss: mässige Induktion $-B<$, grosse Spule und starke Federn $-S_2, k_f>$).

Beispiele typischer Drehspulmesswerke

1. umschaltbares Mehrbereichsgerät Multavi 5 (Labor und Betrieb)
2. Präzisionsgerät Siemens 10 Ω (Labor)
3. Schalttafelinstrument Centrax 96 (Betrieb)

Fehlergrenze E_a (%)	Widst. R_m (Ω)	Spannung U_m (mV)	Strom I_m (mA)	Leistung P_m (μW)	Empfindlichkeit I_m^{-1} (Ω/V)
1. 1,0	200	60	0,3	18	3333
2. 0,2	10	45	4,5	200	222
3. 1,5	10	150	15	2250	67

Ein Gleichstromkreis ist eindeutig bestimmt durch 2 Messwerte: Spannung und Strom. Dabei entsteht ein schaltungsbedingter systematischer (d. h. kalkulierbarer) Fehler infolge des *Eigenverbrauchs* ($=$Leistung P_m) in einem der beiden Messinstrumente. Gemäss Fig. 57 werden je nach Schaltungsvariante der Stromverbrauch des Voltmeters (*a*) oder der Spannungsverbrauch des Amperemeters (*b*) als systematischer Fehler $E_s = I_m$ oder $= U_m$ mitgemessen.

Es besteht daher die grundsätzliche Forderung, dass ein Voltmeter eine hohe Stromempfindlichkeit ($I_m \ll$), und dass ein Amperemeter eine hohe Spannungsempfindlichkeit ($U_m \ll$) aufweisen soll. Wiederum grundsätzlich liessen sich diese Anforderungen durch geeignete Windungszahl (z.B. $N \gg$ oder $N \ll$)

erfüllen. Weil aber die Drehspulgeräte gegenüber anderen Systemen (wo Windungszahlanpassung die Regel ist) den Vorzug äusserst geringfügigen Leistungsaufwandes besitzen, legt man das Messwerk in der Regel so aus, dass es sowohl Volt- als auch Amperemeter sein kann. Zur Anpassung des Geräts an

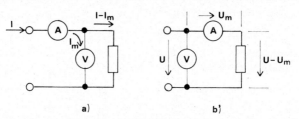

Fig. 57: Strom- und Spannungsmessung, systematische Fehler

a) Voltmeter zeigt richtig (Verbraucherspannug)
b) Ampermeter zeigt richtig (Verbraucherstrom)

einen bestimmten Messbereich dienen dann Vor- oder Nebenwiderstände. Und zwar muss die Erweiterung des Messbereichs um ganzzahlige Faktoren n in einem Spannungspfad durch Reihenschaltung eines Vorwiderstandes R_v, oder in einem Strompfad durch Parallelschaltung eines sogenannten „Shunts"

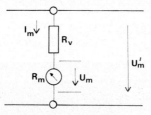

Fig. 58: Spannungspfad
eines Voltmeters mit Vorwiderstand

R_s durchgeführt werden. Als Erweiterungsfaktoren sind im Interesse leichter Ablesbarkeit vorzugsweise solche Faktoren n am besten geeignet, die in Verbindung mit dem Skalenendwert zu einem Skalenfaktor $c = 1, 2, 5$ oder dekadischen Vielfachen hiervon führen.

(7.1) Drehspulmesswerk: statische Wirkungsweise

Messbereichserweiterung Voltmeter

$$n = \frac{U'_m}{U_m}$$

$$\frac{U'_m}{I_m} = R_m + R_v = nR_m$$

$$R_v = (n-1)R_m \qquad (7.8)$$

Messbereichserweiterung Amperemeter

$$n = \frac{I'_m}{I_m}$$

$$\frac{I'_m}{I_m} = \frac{1}{R_m} + \frac{1}{R_s} = n \cdot \frac{1}{R_m}$$

$$R_s = R_m/(n-1) \qquad (7.9)$$

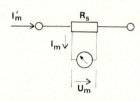

Fig. 59: Strompfad eines Amperemeters mit Nebenwiderstand (=„Shunt")

Zahlenbeispiel 5

Ein 10 Ω-Laborinstrument Kl. 0,2 (siehe Tabelle, Nr. 2) soll für einen Spannungsbereich von 150 V bzw. für einen Strombereich von 15 A eingerichtet werden. Die spiegelhinterlegte Skala weist eine Teilung von ca. 1 mm bei einer Gesamtlänge von ca. 150 mm auf; Dann führt der Skalenendwert 150 auf Skalenfaktoren von $c=1$ V/SKT bzw. 0,1 A/SKT.

Voltmeter:

$$n = 150 \text{ V}/45 \text{ mV} = 3333$$
$$R_v = 3332 \cdot 10 \text{ }\Omega = 33,2 \text{ k}\Omega$$

Stromempfindlichkeit (unverändert)

$$I_m^{-1} = \frac{33,3 \text{ k}\Omega}{150 \text{ V}} = \frac{10 \text{ }\Omega}{45 \text{ mV}} = 222 \text{ }\Omega/\text{V}$$

Amperemeter:

$$n = 15 \text{ A}/4,5 \text{ mA} = 3333$$
$$R_s = 10 \text{ }\Omega/3332 \approx 3 \text{ m}\Omega$$

Spannungsempfindlichkeit unverändert.

Der Eigenverbrauch des Messinstruments steigt unabhängig von der Schaltung (als Volt- oder als Amperemeter) einfach proportional mit dem Erweiterungsfaktor n:

$$P'_m = U'_m \cdot I_m = U_m \cdot I'_m = n \cdot P_m = 0,66 \text{ W}$$

7.2 Das dynamometrische Messwerk

Das dynamometrische System $\left(\text{Symbol} \underset{\square}{\overset{\square}{\rightleftharpoons}}\right)$ entsteht aus dem Drehspulmesswerk dadurch, dass der Permanentmagnet durch eine zur Drehspule quergestellte feste Spulenanordnung (im Prinzip ein Elektromagnet) ersetzt wird. Es ist klar, dass mit diesem System wesentlich geringere Stromempfindlichkeiten erzielt werden, weil die Induktion B_1, herrührend von der Durchflutung θ_1 der feststehenden Spule (Grössenordnung $B_1 \approx 0,002$ T für ein eisenfreies Präzisionsgerät) wesentlich geringere Werte aufweist als ein Drehspulgerät (typisch $B=0,2$ T).

Der Wert des dynamometrischen Messwerks liegt in seiner Fähigkeit, das Produkt zweier unabhängiger elektrischer Durchflutungen sehr genau zu bestimmen. Setzt man

$$\oint \vec{H}_1 \cdot d\vec{s} = \theta_1 = N_1 I_1$$
$$B_1 = \mu_0 H_1 \sim N_1 I_1 \tag{7.10}$$

so gilt entsprechend Gl. 7.4:

$$\alpha \sim T_e \sim F \sim B_1 \cdot \theta_2 \sim \theta_1 \theta_2 = (N_1 I_1) \cdot (N_2 I_2) \qquad (7.11)$$

Ausgerüstet mit grossen Windungszahlen N_1, $N_2 \gg$ kann das Instrument als Voltmeter eingesetzt werden; es entsteht dann bei Reihenschaltung aller Spulen eine quadratische Abhängigkeit des Ausschlags vom Messwerkstrom, welche sich grundsätzlich für Spannungen jeder Polarität (also auch für Wechselstrom) eignet.

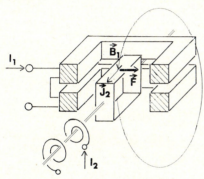

Fig. 60: Dynamometrisches System

Ausschlagsgesetz für ein Volt-(oder Ampere) meter mit dynamometrischem System (Präzisionsinstrument für Wechselstrom):

$$\alpha \sim N_1 N_2 I^2 \qquad (7.12)$$

Die Regel ist aber, dass man die feststehenden Spulen mit kleinen Windungszahlen $N_1 \ll$ und die Drehspule mit hoher Windungszahl $N_2 \gg$ ausführt. Dann eignen sich die Drehspule zum Anschluss im Spannungspfad und die feststehenden Spulen als Strompfad: Es entsteht ein Wattmeter mit linearer Leistungsskala.

$$I_2 = U/R_m: \qquad \alpha \sim \frac{N_1 N_2}{R_m} \cdot I_1 U \sim P \qquad (7.13)$$

Wenn man das Wattmeter wie in Fig. 61 spannungsrichtig anschliesst (d. h. Spannungspfad hinter dem Strompfad an Verbraucher gelegt wie das Voltmeter in Fig. 57a), so wird immer der Leistungsverbrauch des Spannungspfades als systematischer Fehler mitgemessen.

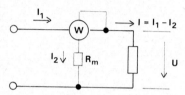

Fig. 61: Schaltung eines Wattmeters

Die elektrischen Werte für ein typisches eisenloses Präzisionswattmeter (z.B. Siemens Kl. 0,2) sind folgende:

Spannungspfad	Strompfad
Drehspule	ruhende Spulen,
$R_m = 1000$ Ω	Schaltung:
$U_m = 30$ V	parallel/in Reihe
$I_m = 30$ mA	$I_{1m} = 5$ A/2,5 A
$P_m = 0,9$ W	
$I_m^{-1} = 33,3$ Ω/V	

Die Verwendung von Shunts ist nicht vorgesehen; hingegen ist es üblich den Spannungsbereich bis max. 600 V durch getrennte Vorwiderstände zu erhöhen. Dabei tritt im Spannungspfad ein verhältnismässig hoher Leistungsverbrauch auf. Dieser beträgt z.B. für ein Wattmeter an 600 V:

$n = 600$ V$/30$ V $= 20$

$P'_m = n \cdot P_m \qquad = 20 \cdot 0,9 = 18$ W (!)

7.3 Mechanische und elektrische Dynamik

7.3.1 Mechanisch—elektrische Analogie: Einschwingvorgang eines LRC-Kreises

Wir haben uns bisher nur mit dem statischen Ausschlag der Messinstrumente befasst. Tatsächlich stellt aber z.B. das Drehspulmesswerk auch ein hervorragendes Beispiel für das klassische mechanische Schwingungssystem dar, insofern als es Feder, Masse und Reibung enthält, und daher auf einen Kraftstoss mit einem Einschwingvorgang antworten muss. Auch elektrische Stromkreise antworten mit einem Einschwingvorgang, wenn man sie mit einem Spannungssprung beaufschlagt. Es liegt deshalb nahe, die bereits in Abschn. 5.3 eingeführten mechanisch—elektrischen Analogien anzuwenden, um die Frage der Dynamik in allgemeiner Form zu behandeln.

Wir wollen des weiteren als mechanisches System in direkter Anlehnung an Fig. 55 eine Drehspule untersuchen, welche nur mit einer Spulenseite im Feld bewegt wird. Dieses System kommt praktisch vor in der sogenannten Hakenpolausführung eines Centrax-Instruments (raumsparendes Schalttafelinstrument mit 270° Ausschlag, siehe Tabelle, Nr. 3). Falls wir uns weiterhin auf kleine Ausschläge beschränken (oder gegebenenfalls eine periphere, krumme Koordinate y zulassen), so darf die Drehbewegung des Systems durch die mathematisch einfachere translatorische Bewegung ersetzt werden, siehe Fig. 62. Ausser den schon bekannten Grössen, der elektrodynamischen Kraft (dynamisch im Sinne von „Kraft" und nicht von „Bewegung" verstanden)

$$F_e = k_e \cdot I$$

und der elastischen Rückstellkraft

$$F_f = k_f \cdot y$$

greifen jetzt an der Drehspule in y-Richtung zwei zusätzliche dynamische Kräfte an (dynamisch im Sinne von „Bewegung" verstanden). Es handelt sich um die Trägheits- oder Beschleunigungskraft

$$F_b = m \cdot \ddot{y}$$

und um die Reibungs- oder Dämpfungskraft

$$F_d = k_d \cdot \dot{y}$$

Die Dämpfungskraft darf nicht mit der konstanten Haftreibungskraft (siehe T_r) verwechselt werden; sie erklärt sich beim Drehspulsystem aus der Wirkung eines Wirbelstromes i_d, welcher im metallischen Rahmenkörper zirkuliert, sobald sich die

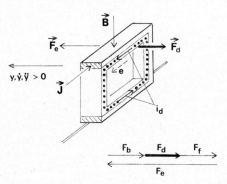

Fig. 62: Dynamische Kräfte an einer Drehspule

Spule bewegt. Es wird nämlich gemäss Gl. 6.15 in dem eine geschlossene Windung bildenden Rahmenkörper eine Bewegungsspannung (EMK) der Grösse

$$e = Blv$$

erzeugt, welche den Dämpfungsstrom

$$i_d = \frac{Bl}{R_d} \cdot v$$

und die Dämpfungskraft

$$v = \dot{y}: \qquad F_d = i_d Bl = \frac{(Bl)^2}{R_d} \cdot \dot{y} \qquad (7.14)$$

zur Folge hat.

(7.3.1) Einschwingvorgang eines LRC-Kreises

Demnach gilt für das bewegte Drehspulsystem gemäss Fig. 62 die folgende Differentialgleichung:

$$F_b + F_d + F_f = F_e$$

$$m\ddot{y} + k_d \dot{y} + k_f y = k_e I \qquad (7.15)$$

In Anwendung der Analogie von Gl. 5.16 und 5.17 hat man die (rektifizierte) Rotationsgeschwindigkeit $v_r = v = \dot{y}$ mit einem Strom i und die Kräfte F mit entsprechenden Spannungen u zu vergleichen. Die analoge Schaltung, in welcher die Summe aus einer Reihe von Spannungen gebildet werden muss, ist also eine Reihenschaltung. Es entsprechen des weiteren

$$F_b = m\ddot{y} \quad \to \quad u_L = L\frac{di}{dt}$$

$$m \quad \to \quad L$$

$$F_d = k_d \dot{y} \quad \to \quad u_R = R \cdot i$$

$$k_d \quad \to \quad R$$

Eingangsspannung (input) = Sprungfunktion (step function):

$$F_e = k_e i = \begin{matrix} 0 \;]_{t<0} \\ k_e I\;]_{t>0} \end{matrix} \quad \to \quad u_1 = \begin{matrix} 0\;]_{t<0} \\ U\;]_{t>0} \end{matrix}$$

Ausgangsspannung (output) = Sprungantwort (step response):

$$F_f = k_f y \quad \to \quad u_2 = u_C = \frac{1}{C}\int i\, dt$$

$$k_f \quad \to \quad \frac{1}{C}$$

Für den elektrischen Reihen-Schwingkreis nach Fig. 63 lautet die Differentialgleichung:

$$u_L + u_R + u_2 = u_1$$

$$i = C\dot{u}_2: \qquad LC\ddot{u}_2 + RC\dot{u}_2 + u_2 = u_1 \qquad (7.16)$$

Ohne „dynamische" Kräfte (statisch: $\ddot{u}_2 = \dot{u}_2 = 0$) erhält man im elektrischen wie im mechanischen System sogenannte stationäre Lösungen:

stationär $\qquad u_2 = u_1 = U$

Der stationären Lösung wird aber in einem begrenzten Zeitraum ein Ausgleichsvorgang überlagert, der vom System

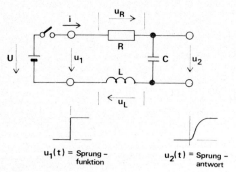

Fig. 63: Analoge elektrische Übertragungsschaltung, Einschalten des Reihenschwingkreises

her und von den Anfangsbedingungen her bestimmt ist. Der sogenannte freie Vorgang u_0 in

$$u_2 = u_0 + u_1 \qquad (7.17)$$

ist die Lösung einer homogenen Differentialgleichung mit konstanten Koeffizienten, in welcher die rechte Seite Null gesetzt wird. Gleichungen dieser Art löst man mithilfe eines Exponentialansatzes:

$$u_0 = U_p \cdot e^{pt} \qquad (7.18)$$

(7.3.1) Einschwingvorgang eines LRC-Kreises

Einsetzen von Gl. 7.18 in 7.16 führt zur Stammgleichung des Systems (in p):

$$U_p e^{pt}(LCp^2 + RCp + 1) = 0$$

$$p^2 + \frac{R}{L}p + \frac{1}{LC} = 0$$

$$p = -\frac{R}{2L} \pm \sqrt{\left(\frac{R}{2L}\right)^2 - \frac{1}{LC}} \quad (7.19)$$

Die Wurzeln der Stammgleichung kommen komplex oder reell heraus, je nachdem, ob das sogenannte

Dämpfungsdekrement

$$\delta = \frac{R}{2L} \quad (7.20)$$

kleiner oder grösser ist im Vergleich zur ungedämpften Eigenkreisfrequenz ω_0:

$$\delta = 0: \qquad p = j\omega_0 = \frac{j}{\sqrt{LC}} \quad (7.21)$$

Eigenkreisfrequenz

$$\delta < \omega_0: \qquad \omega = \sqrt{\omega_0^2 - \delta^2} \quad (7.22)$$

Wir wollen zwei Grenzfälle untersuchen.

1. Fall: *schwache Dämpfung* $\delta \ll \omega_0$

Die Lösung enthält eine gedämpfte cos-Schwingung. Wenn man auf den allgemeinen Exponentialansatz

$$p = -\delta \pm j\omega:$$

$$u_0 = e^{-\delta t}(U_1 e^{j\omega t} + U_2 e^{-j\omega t}) \quad (7.23)$$

die Anfangsbedingung

$$[i]_{t=0} = C\dot{u}_2 = 0 \quad (7.24)$$

anwendet, so gilt wegen $\delta \ll \omega_0 \approx \omega$ die folgende Abschätzung:

$$\frac{\mathrm{d}u_0}{\mathrm{d}t} = \frac{\mathrm{d}(u_2 - U)}{\mathrm{d}t} \approx [j\omega e^{-\delta t}(U_1 e^{j\omega t} - U_2 e^{-j\omega t})]_{t=0} = 0$$

$$U_1 - U_2 = 0 \qquad (7.25)$$

Exponentialsummen lassen sich immer durch entsprechende Hyperbelfunktionen ausdrücken; diese wiederum gehen in trigonometrische Funktionen über, wenn die Veränderlichen imaginär werden. Deshalb gilt weiter:

$$U_1 e^{j\omega t} + U_2 e^{-j\omega t} = \underbrace{\frac{U_1+U_2}{2}}_{=U_1} \cosh j\omega t + \underbrace{\frac{U_1-U_2}{2}}_{=0} \sinh j\omega t \qquad (7.26)$$

Wegen
$$\cosh j\omega t = \cos \omega t \qquad (7.27)$$
und
$$[u_2]_{t=0} = [U_1 e^{-\delta t} \cos \omega t]_{t=0} + U = 0$$
$$U_1 + U = 0 \qquad (7.28)$$

lautet die geschlossene Lösung des gedämpften Einschwingvorganges:

$$\delta \ll \omega_0: \qquad u_2 \approx U(1 - e^{-\delta t} \cos \omega t) \qquad (7.29)$$

Setzt man in Gl. 7.29

$$\omega T = \omega_0 T_0 = 2\pi \qquad (7.30)$$

so versteht man unter der Periode der Schwingung $T \geqq T_0$ den kleinsten zeitlichen Abstand genau gleicher Schwingungszustände (dabei ist die Dämpfung nicht berücksichtigt) und unter der

gewöhnlichen Eigenfrequenz

$$f = \frac{1}{T} = \frac{\omega}{2\pi}$$

$$[f] = [\omega] = 1\,\mathrm{s}^{-1} = 1\,\mathrm{Hz\ (Hertz)} \qquad (7.31)$$

2. Fall: *starke Dämpfung* $\delta \gg \omega_0$

(7.3.1) Einschwingvorgang eines LRC-Kreises

Die Stammgleichung hat jetzt 2 reelle Wurzeln, wovon die grössere lediglich das Verhalten der Funktion in Nullpunktnähe bestimmt. Der mit der grösseren Wurzel behaftete Lösungsteil hat kaum praktische Bedeutung, er dient der mathematisch exakten Erfüllung der Anfangsbedingung nach Gl. 7.24. Wir interessieren uns hier für das Übertragungsverhalten des Systems: Das Langzeitverhalten der Funktion $u_2(t)$ entspricht somit einem gewöhnlichen exponentiellen Ladevorgang, siehe Fig. 39. Dabei wird die schleichende Einstellung der Sprungantwort durch eine grosse Zeitkonstante (entsprechend kleinem p) bewirkt. Wir setzen näherungsweise:

$$p_1 = -\delta + \sqrt{\delta^2 - \omega_0^2}$$

$$= -\delta \left[1 - \sqrt{1 - (\omega_0/\delta)^2} \right]$$

$$\approx -\delta \left\{ 1 - \left[1 - \frac{1}{2}(\omega_0/\delta)^2 \right] \right\}$$

$$\approx -\frac{\omega_0^2}{2\delta}$$

$$\tau_1 = -\frac{1}{p_1} \approx \frac{2\delta}{\omega_0^2} = RC \tag{7.32}$$

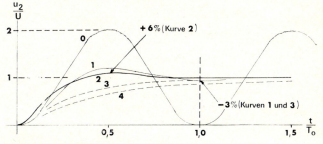

Fig. 64: Sprungantwort eines Messwerks bei verschieden starker Dämpfung

0) $\delta = 0$ ungedämpft schwingend
1) $\delta = \omega_0/2$ schwach gedämpft (schwingend)
2) $\delta = \omega_0/\sqrt{2}$ optimal (1 mal Überschwingen)
3) $\delta = \omega_0$ aperiodisch
4) $\delta = \omega_0 \cdot \sqrt{2}$ kriechend

In Fig. 64 sind verschiedene Formen der Sprungantwort über dem relativen Zeitmasstab t/T_0 dargestellt. Innerhalb einer Zeitspanne T_0 kann demnach überhaupt nicht mit richtiger Wiedergabe eines Eingangssignals u_1 durch die Ausgangsgrösse u_2 gerechnet werden. Sowohl die schwingende (0, 1) als auch die kriechende Einstellung (4) sind bei mechanischen Systemen, die einen Messwert u_1 wiederzugeben haben, zu vermeiden. Schnellstmögliche Einstellung (immer im Verhältnis zu T_0) ist erst möglich auf Grund einer geeigneten Dämpfung (2, 3):

Dämpfungsbedingung für Messeinrichtungen

$$0,7 < \delta/\omega_0 < 1 \qquad (7.33)$$

7.3.2 Statische und dynamische Einstellung: Eigenfrequenz, Eigenverbrauch und Dämpfung eines Messwerks

Elektrische Messgeräte können entweder zur Anzeige einer zeitlich konstanten bzw. nur langsam veränderlichen Messgrösse (Spannung oder Strom) bestimmt sein; oder sie können zur Wiedergabe des zeitlichen Verlaufs schnellerer Vorgänge (=sogenannte „Signale") dienen. Die unterschiedliche Aufgabestellung führt zu grundsätzlich verschiedenen Konstruktionsformen im mechanischen Aufbau. Die Wiedergabe eines zeitlichen Verlaufs ist möglich durch eindeutige Zuordnung von Messwerten (=Ausgangsspannung des als Übertragungsglied dargestellten Systems) zu geeigneten Zeitwerten. Die Zuordnung der Zeitwerte kann grundsätzlich auf folgende Weise geschehen:

1. *Schreibverfahren*

Ein Papierstreifen wird mit gleichmässiger Geschwindigkeit von einer Vorratsspule abgespult (bzw. gegebenenfalls auf eine als Informationsspeicher dienende Kassette umgespult). Senkrecht zur Papiervorschubrichtung (Zeitachse t) wird die Messgrösse (Ausgangsspannung u_2) durch einen geeigneten Mechanismus

(7.3.2) Eigenfrequenz, Eigenverbrauch und Dämpfung

direkt aufgezeichnet. Die Vorschubgeschwindigkeit und die „Schnelligkeit" des Messwerks sind korreliert. Wir unterscheiden

1.1 *Registrierinstrumente*

Ein Drehspulsystem herkömmlicher Bauart trägt anstelle des Zeigers (oder zusätzlich zum Zeiger) eine Kapillarschreibeinrichtung (Schreibfeder, verbunden mit Schreibflüssigkeitsvorrat). Die zeitliche Auflösung eines solchen *Linienschreibers* reicht von sehr langsamen Vorgängen bis hinunter zu grössenordnungsmässig $T_0 \approx 1s$.

Der Anzeigemechanismus des Drehspulgeräts kann auch ähnlich wie bei einer Schreibmaschine als Typenhebel ausgebildet sein, welcher in regelmässigen zeitlichen Intervallen über ein Farbband auf das Registrierpapier gedrückt wird. Der Vorteil dieses *Punktschreibers* liegt in der Möglichkeit, dass man mit demselben Messwerk über umschaltbare Widerstände (Vorwiderstände oder Shunts zur Eingangsgrösse u_1) und gleichzeitig auswechselbaren verschiedenfarbigen Farbbändern mehrere Messgrössen darstellen kann. Es können in der Regel bis zu 12 Messgrössen durch intermittierende Farbpunkte gleichzeitig erfasst werden. Eine sehr typische Anwendung besteht in der Aufzeichnung von naturgemäss langsam verlaufenden Temperaturbewegungen über Thermoelemente, siehe Abschn. 2.2 und Tafel III.

1.2 *Oszillografen*

Schnellere Vorgänge als die oben beschriebenen erfordern sowohl vom Messwerk her als auch von der Aufzeichnungstechnik her „geringere Trägheit". Beispielsweise kann ein dem Drehspulsystem verwandtes Messwerk, der Schleifenschwinger eines *Lichtstrahloszillografen* (siehe nächster Abschnitt), anstelle des Zeigers einen kleinen Spiegel tragen, welcher mittels einer geeigneten Optik relativ schnelle Vorgänge auf fotografischem Papier aufzeichnen kann. Für noch schnellere Vorgänge wird auf den *Kathodenstrahloszillografen*, siehe Abschn. 7.5, verwiesen.

2. *Speicherverfahren*

Die Zuordnung von Mess- und Zeitwerten kann auch ohne direkte Aufzeichnung in Form einer Sammlung simultaner Informationen gegeben sein. Beispielsweise können Sie langsam veränderliche Messgrössen (wie z.B. die Temperaturbewegung der Atmosphäre an einem bestimmten Ort) dadurch erfassen, dass Sie zu verschiedenen Uhrzeiten Ablesungen (z.B. am Thermometer) vornehmen und die Ablesungen neben den Uhrzeiten in eine Tabelle eintragen. Die Tabelle bildet dann den Messwertspeicher. Wann immer Sie wünschen können Sie nach Ablauf der Messperiode den Temperaturverlauf in geeignetem Masstab auf Millimeterpapier darstellen. Grundsätzlich ähnlich arbeiten komplizierte in der Regel elektronische Messeinrichtungen, welche eine nahezu unbegrenzte Auflösung des Messwerts (Mess-„Genauigkeit") und unter Umständen auch eine beträchtliche „Schnelligkeit" erreichen können. Die Messgrösse wird in regelmässigen Zeitabständen als digitale Information ausgegeben (z.B. „Zählerstand" eines digitalen Voltmeters, Drehzahlmessers usw.) und einem Speicher zugeführt. Besteht etwa der Speicher aus einem Magnetband (im Prinzip ein „Tonbandgerät"), so können Sie das Band beim Lesen der Information beliebig oft und mit beliebiger Geschwindigkeit ablaufen lassen. Dadurch ändert der Zeitmasstab zwischen Aufnahme und Wiedergabe. Verlangsamte Abspielgeschwindigkeit erlaubt die Nachempfindung eines ursprünglich schnellen Vorgangs, umgekehrt können sehr langsame Vorgänge durch „Zeitraffung" in einen übersehbaren kürzeren Zeitraum projiziert werden.

Was nun die Schnelligkeit einer Messeinrichtung anbelangt, so kann für alle Schreibverfahren (1) festgestellt werden, dass

(7.3.2) Eigenfrequenz, Eigenverbrauch und Dämpfung

die Kreisfrequenz ω_1 der eingegebenen Signalgrösse u_1 unterhalb der (ungedämpften) Eigenkreisfrequenz ω_0 des Systems liegen muss, wenn überhaupt eine Chance zu ausreichender Wiedergabetreue bestehen soll. Im umgekehrten Fall ($\omega_1 \gg \omega_0$) bewirkt das Mess-System eine *Integration der Messgrösse* (was durchaus Absicht sein kann, z.B. bei der Anzeige eines Mittelwerts oder Durchschnitts).

Die Schnelligkeit eines dynamischen Systems kann aber nur auf Kosten der Empfindlichkeit und auf Kosten eines wesentlich grösseren Eigenverbrauchs erreicht werden; darum werden gewöhnliche mit Zeigern ausgestattete Messinstrumente statisch eingestellt. Wir wollen die Eigenfrequenz ω_0 der elektrischen LRC-Schaltung nach den Regeln der im vorigen Abschn. erläuterten Analogiebeziehungen auf die Verhältnisse eines mechanischen Messwerks zurückprojizieren. Dann gilt:

$$L \rightleftarrows m$$

$$C \rightleftarrows \frac{1}{k_f}$$

$$\omega_0^2 = \frac{1}{LC} \rightleftarrows \omega_0^2 = \frac{k_f}{m} \qquad (7.34)$$

Der richtige (=stationäre) Ausschlag eines Messwerks y (bzw. α) genügt aber der Beziehung

$$k_f y = k_e I \qquad (7.35)$$

Daher folgt für die Stromempfindlichkeit:

$$\frac{y}{I} = \frac{k_e}{k_f} = \frac{k_e}{m\omega_0^2} \qquad (7.36)$$

Sie ersehen aus Gl. 7.36, dass die Stromempfindlichkeit eines Messwerks mit der Systemmasse m und mit dem Quadrat der Eigenfrequenz zusammenhängt. Angenommen, es seien alle konstruktiven Details (k_e, m und Maximalausschlag $y = y_m$) bis auf die Federkonstante (k_f) gegeben. Dann müssen der für den Maximalausschlag massgebliche Messwerkstrom I_m und der Eigenverbrauch P_m mit der Eigenfrequenz $\omega_0 = 2\pi f_0$ in folgender Beziehung stehen:

$$I_m \sim k_f \sim \omega_0^2$$

$$P_m = R_m I_m^2 \sim f_0^4 \sim (1/T_0)^4 \tag{7.37}$$

In welchen Grenzen sich die Eigenfrequenz f_0 von elektromechanischen Mess-Systemen bewegen kann, mag durch nachfolgende Gegenüberstellung veranschaulicht werden:

statische Einstellung
z.B. Zeigerinstrumente, Registrierinstrumente
typisch $\qquad f_0 = 1$ Hz

dynamische Einstellung
z.B. Schleifenschwinger
typisch $\qquad f_0 = 10$ kHz

Gleichzeitig mit der dynamischen Anforderung erhöhter Eigenfrequenz steigt, wie im vorigen Abschnitt gezeigt worden ist, die Bedeutung genügend starker abgestimmter *Dämpfung*. Aus diesem Grunde werden Schleifenschwinger eines Lichtstrahloszillografen in der Regel mit Ölfüllung ausgeführt.

7.4 Der Lichtstrahloszillograf

Lichtstrahl- (oder Schleifen) oszillografen werden zur Untersuchung komplexer Vorgänge eingesetzt, wo

— gleichzeitig mehrere (bis zu 50) Messgrössen
— mit verhältnismässig schnellem zeitlichen Ablauf
— und grosser Auflösungsfähigkeit (Papierbreite)
— auf einem geeigneten fotografischen Registrierstreifen grösserer Länge (Papierlänge entspricht zeitlicher Auflösung)

zuverlässig aufgezeichnet und gespeichert werden müssen. Ein solcher Oszillograf ist in Fig. 65 schematisch dargestellt. Er besteht im wesentlichen aus

— dem oder den Schleifenschwinger(n) 1
— dem fotografischen Papierstreifen mit zugehöriger Vorschubmechanik 13

(7.4) Der Lichtstrahloszillograf

- einer Mattscheibe 15 zur Einstellung und Eichung der Messbereiche mit Gleichstrom
- einem rotierenden Polygonspiegel mit kontinuierlich verstellbarem Antrieb 14 zur Erzeugung einer zeitproportionalen Ablenkung bei direkter Beobachtung periodischer Vorgänge auf der Mattscheibe

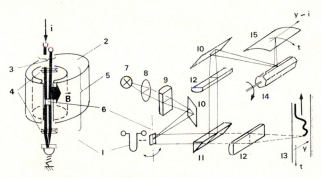

Fig. 65: Prinzip des Schleifenoszillografen
1) Schleifenschwinger
2) Dauermagnet
3) Stromschleife aus Bronzeband
4) Isolierstegte zur Einstellung der Eigenfrequenz f_0
5) frei schwingende Länge (beeinflusst k_f und f_0)
6) Drehspiegel (Masse m)
7) Lichtquelle
8) Kondensorlinse
9) vertikales Linsenprisma
10) Planspiegel
11) halbdurchlässiges Umlenkprisma
12) horizontales Linsenprisma
13) fotografisches Papier und Vorschub
14) rotierender Polygonspiegel
15) Mattscheibe

Die Erzeugung eines Schwingungsbildes in kartesischen Koordinaten auf lichtempfindlichem Papier einerseits und auf der Mattscheibe anderseits kann auf Grund des Strahlenganges in Fig. 65 verfolgt werden. Schleifenoszillografen sind sehr empfindliche Geräte, welche vom Bedienenden viel Sorgfalt und auch Erfahrung verlangen. Wir wollen hier zur apparativen Frage lediglich noch auf das eigentliche Messwerk, den Schleifenschwinger, eingehen. Aus verständlichen Gründen (siehe

Gl. 7.36) ist das System im Interesse von Schnelligkeit und Empfindlichkeit sehr leicht gebaut. Die Drehspule besteht aus einer einzigen Stromschleife 3 (Windungszahl $N=1$), welche zugleich auch die Funktion der Lagerung (Spannband) und der Rückstellkraft zu erfüllen hat. Anstelle des sonst gebräuchlichen Zeigers tritt hier ein kleiner Drehspiegel 6, welcher den Strahlengang der Lichtquelle in einer Ebene senkrecht zur Papierbewegung stromproportional verstellt. Die Einstellung des Messbereichs wird wie beim gewöhnlichen Drehspulgerät mit Vor- und Nebenwiderständen vorgenommen; allerdings müssen diese auf Grund einer Eichung mit genauen Instrumenten vor jeder Messung justiert werden.

7.5 Der Kathodenstrahloszillograf

7.5.1 Elektronenstrahl-Bildröhre

Eine auf Glühtemperatur gehaltene Elektrode umgibt sich mit einer Wolke von Elektronen. Es herrscht ein ähnlicher Gleichgewichtszustand zwischen der eine Raumladung bildenden, Elektronen spendenden Wolke und den Leitungselektronen der Elektrode, wie etwa zwischen der gasförmigen und der flüssigen Phase über einer Wasseroberfläche. Baut man nun eine heisse und eine kalte Elektrode in ein Vakuumgefäss (=Röhre), so entsteht eine Diode mit Richtcharakteristik (siehe Fig. 21a), insofern als nur ein Elektronenstrom von der heissen zur kalten Elektrode möglich ist (emittierende Elektrode 1 als „Kathode" an Minus geschaltet). Mit mindestens einem Steuergitter (Triode) entsteht eine gewöhnliche Elektronenröhre, wobei die Potentialveränderungen an der kathodennahen Gitterelektrode eine praktisch leistungslose Steuerung des Elektronenstroms zur Anode gestatten (ähnlich einem Schieber oder Hahn in einem Wasserkreislauf). Bei der Kathodenstrahlröhre hat das Steuergitter (=Wehneltzylinder 2) die Gestalt einer Blende; sie dient zur (meistens nur statischen) Helligkeitssteuerung.

Der Kathodenstrahl ist in Wahrheit ein Elektronenstrahl, welcher zunächst durch das elektrische Feld einer ringförmigen

Anode 3 in z-Richtung beschleunigt, und nach dem Durchtritt durch die Anode wieder gebündelt werden muss. Abstossende Kräfte unter den Strahlelektronen und der Feldverlauf vor der Anode bewirken nämlich, dass der von der Blende 2 ausgehende Strahl divergiert. Die Röhre muss deshalb (in gleicher Funktion wie die Kondensorlinse des Lichtstrahloszillografen) eine Einrichtung enthalten, welche den divergierenden Strahl zur Konvergenz zwingt, damit ursprünglich

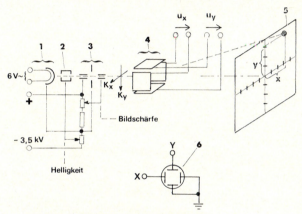

Fig. 66: Prinzip der Kathodenstrahlröhre
1) geheizte Kathode (=Elektronenquelle)
2) Wehneltzylinder (=Steuergitter)
3) Anodenkombination (=Beschleuniger u. Optik)
4) elektrostatisches Ablenksystem
5) Leuchtschirm
6) Symbol

auseinanderstrebende Elektronen sich in der Ebene des Bildschirms (=Brennebene) möglichst zu einem scharfen Bildpunkt vereinigen. Wie die elektronische „Optik" grundsätzlich funktionieren kann, ist in Fig. 67 veranschaulicht. Durch Anordnung mehrerer konzentrischer Elektroden mit stark unterschiedlichem Potential wird ein Feld von konischer Gestalt erzeugt, das eine radiale nach innen gerichtete Strahlkraftkomponente $\vec{F}_r = -e \cdot \vec{K}_r$ entwickelt.

Das wesentliche Steuerungsorgan einer Elektronenstrahl-

Bildröhre besteht (wie schon aus dem symbolischen Kurzzeichen 6 hervorgeht) aus einem System von Kondensatorplatten 4, welche nach der Anodenoptik in zueinander senkrechten Ebenen angeordnet sind und die praktisch trägheitslose Strahlführung in der xy-Ebene des Bildschirms 5 erlauben. Der Bildschirm selbst hat fluoreszierende Eigenschaften, was soviel bedeutet, als dass die Energie der mit einigen kV beschleunigten Elektro-

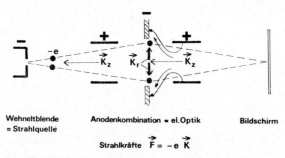

Fig. 67: Qualitative Wirkung der Elektronenoptik

nen in Lichtquanten umgesetzt wird, wobei eine gezielte chemische Speicherfähigkeit entwickelt wird, die für die visuelle Beobachtung notwendig ist. Insofern als in der Regel periodische Vorgänge in der xy-Ebene (grundsätzlich ähnlich wie auf der Mattscheibe eines Lichtstrahloszillografen) beobachtet werden sollen, wäre es genauer, von einem *Oszilloskop* statt -grafen zu sprechen. Aber auch die fotografische Aufzeichnung ist möglich. Besonders leistungsfähige Geräte enthalten darüberhinaus eine sinnvolle elektronische Zusatzeinrichtung, welche es gestattet, die Spur des Elektronenstrahls zu speichern, und das *gespeicherte Bild* für mindestens 1 Stunde festzuhalten.

7.5.2 Prinzip des Messverstärkers

Der Kathodenstrahloszillograf (auch kurz: *KO*) kann ohne weiteres als universellstes elektrisches Messgerät angesehen werden. Seine Stärke liegt aber nicht in der Genauigkeit (etwa 3 %), sondern vielmehr

(7.5.2) Prinzip des Messverstärkers

— in der fast unbegrenzten Schnelligkeit, welche nur durch die Übertragungseigenschaften seiner Verstärker beschränkt wird, typisch $f_0 > 1\ldots 10$ MHz
— in der hohen Eingangsempfindlichkeit seiner Verstärker, typisch $1/I_1 = 1$ GΩ/V
— in der unproblematischen Handhabung (etwa im Vergleich zum Schleifenoszillografen), und im grossen Angebot auswechselbarer Verstärkereinheiten (welche schliesslich die universelle Verwendbarkeit begründen)

Wir wollen uns deshalb an dieser Stelle mit dem Messverstärker befassen. Ob Sie nun eine gittergesteuerte Elektronenröhre oder einen Transistor (siehe Fig. 23) nehmen: Als ein beiden Schaltelementen gemeinsames Merkmal werden mit sehr geringem Leistungsaufwand von der Eingangsklemme aus (Steuergitter der Röhre, oder Basisanschluss des Transistors, siehe Fig. 68b, c) wenige Ladungsträger in das elektrostatische Feld des „aktiven" Elements injiziert, wo alsbald ein Strom i_2 zu fliessen beginnt, siehe Fig. 68a. Dabei entsteht über dem Arbeitswiderstand R_a (Ausgang) eine Ausgangsspannung u_2 gegenüber dem Fusspunkt (gemeinsame Klemme, in der Regel an Erde gelegt). Die Spannung u_2 hängt von der Eingangsspannung u_1 ab: Die Polarität von u_2 ist derjenigen von u_1 entgegengesetzt, was durch einen aufwärts gerichteten Zählpfeil zu berücksichtigen ist; Der Betrag von u_2 ist wesentlich grösser als u_1, vorausgesetzt, die Versorgungsspannung U_0 wird nicht erreicht (Übersteuerung: es gilt die Grenzbedingung $u_2 \gg u_1$ *falls $U_0 > u_2$ und $R_a \gg$*).

Der Mechanismus eines elektrischen Verstärkers liegt also in der Sperrfähigkeit eines Feldes $\vec{K}$ gegenüber einer Energiequelle mit Spannung U_0, wobei ebendiese Sperrwirkung steuerbar ist. Dabei kann das verstärkende Element als eine indirekte Quelle angesehen werden, welche man ersatzweise durch eine gesteuerte elektromotorische Kraft im Arbeitsstromkreis darstellen darf, siehe Fig. 68d.

Es ist nun ohne weiteres einleuchtend, dass man mehrere Verstärkerstufen hintereinanderanordnen kann, wodurch die Übertragungsverhältnisse Ausgangs-/Eingangsspannung mehrfach zu multiplizieren sind, mit dem Resultat eines sehr grossen

Verstärkungsfaktors $V = u_2/u_1$. Leider (!) sind die Steuerkennlinien $u_2 = f(u_1)$ durchaus nicht so geradlinig, wie das im Interesse eines Messgerätes wünschbar wäre. Auch hängt der Ver-

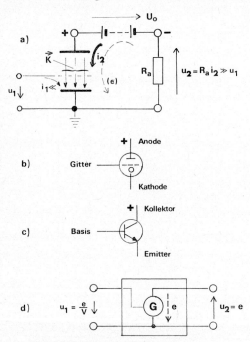

Fig. 68: Grundsätzliche Darstellung
eines elektrischen Verstärkers

a) elementare Verstärkerstufe: das elektrische
Feld als indirekte Quelle (elektromotorische Kraft)
b) gesteuerte Elektronenröhre (Triode)
c) gesteuerter Transistor
d) Verstärker als aktiver Vierpol

stärkungsfaktor, der in Wirklichkeit eine Funktion $V = V(u_1)$ ist, in unerwünschter Weise von der Temperatur und vom Lebensalter der Komponenten ab. Als wichtigstes Hilfsmittel zur Linearisierung eines Messverstärkers und zur weitgehenden Unterdrückung der sogenannten Verstärkungsdrift (= Summe

(7.5.2) Prinzip des Messverstärkers

aller unliebsamen Temperatur- und Alterungseinflüsse) wendet man das Prinzip der *Gegenkopplung* an. Dieses Prinzip sei im folgenden an Hand von Fig. 69 beschrieben.

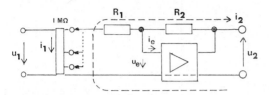

Fig. 69: Schaltung eines gegengekoppelten Messverstärkers:

Abschwächpotentiometer (=attenuator) dient zur Umschaltung des Messbereichs, typische Werte:
Eingangswiderstand $u_1/i_1 = 1$ MΩ
Empfindlichkeit (umschaltbar) 1 mV...100 V
—, max. 0,1 mV/cm = 1 mV/10 cm

Die Gegenkopplung besteht in einer Beschaltung der Verstärkerkette durch äussere Widerstände R_1, R_2. Dabei ist an die Qualität des inneren Verstärkungsfaktors keine andere Forderung geknüpft als diejenige, dass $V \to \infty$ gehen soll. Setzt man weiterhin den inneren Eingangsstrom $i_e \to 0$, so können die folgenden beiden Maschengleichungen aufgestellt werden:

$$\left. \begin{array}{l} V \to \infty \\ u_e = u_2/V \to 0 \end{array} \right\}$$

$$R_1 i_2 = u_1 - u_e = u_1 - u_2/V \approx u_1$$

$$R_2 i_2 = u_2 + u_e = u_2 + u_2/V \approx u_2$$

$$V_1 = u_2/u_1 = R_2/R_1 \approx \text{const}(V)$$
(7.38)

Damit ist klar, dass auf Kosten eines (geopferten) Verstärkungsverlustes ($V_1 \ll V$) eine entscheidende Qualitätsverbesserung von Verstärkerschaltungen möglich ist.

7.5.3 Zeitproportionale Sägezahnspannung

Die wichtigste Anwendung des Oszillografen liegt in der Sichtbarmachung des zeitlichen Verlaufs von reproduzierbaren Schwingungen. Hierzu muss dem X-Ablenkungssystem eine periodische Spannung u_x zugeführt werden, welche den Elektronenstrahl gleichmässig von links nach rechts führt; am Ende der Periode T_x springt u_x wieder auf den Anfangswert, um sofort mit dem nächsten „Sägezahn" zu beginnen — Sägezahn deshalb, weil die Funktionsdarstellung der Spannung $u_x(t)$ eine sägezahnförmige Gestalt aufweist (im engl. Sprachgebrauch ist der Ausdruck „sweep" gebräuchlich).

Grundsätzlich wäre es möglich, den sweep mit einer automatischen Folge von Kondensator-Ladevorgängen in einer Schaltung nach Fig. 40 zu erzeugen. Hierzu müssten lediglich die Quellenspannung $U_0 \gg U_d$ und die Entlade-Zeitkonstante $\tau_2 = R_2 C \ll$ gemacht werden. Dann stellt der Sägezahn einen Ausschnitt aus der exponentiellen Ladekurve mit einer Zeitkonstanten $\tau_1 = R_1 C$ dar. Periode T_x und Frequenz f_x der Spannung u_x lassen sich bei diesem einfachen RC-Generator (= sogenannter Relaxationsgenerator) durch Variation von R_1 und C einstellen.

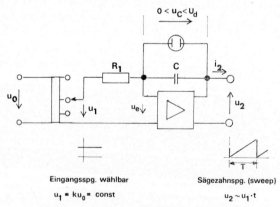

Fig. 70: Schaltung eines Integrierverstärkers
(= Messverstärker mit kapazitiver Gegenkopplung)

(7.5.3) Zeitproportionale Sägezahnspannung

Für die an einen Oszillografen gestellten Anforderungen würde die Linearität des oben beschriebenen einfachen *RC*-Generators nicht ausreichen. Man verwendet deshalb einen ähnlichen Verstärker wie in Fig. 69, allerdings mit dem Unterschied, dass anstelle des Widerstandes R_2 jetzt eine kapazitive Gegenkopplung C zu treten hat. Sofern die Eingangsspannung u_1 über Spannungsteiler einer Konstantspannungsquelle u_0 entnommen wird (siehe Zenerdiodenschaltung, Fig. 22), führt der nachfolgende Integrationsvorgang zu einem idealen Sägezahn:

$$u_e = 0: \qquad R_1 i_2 = u_1$$

$$u_C = \frac{1}{C} \int i_2 \, dt = u_2$$

$$u_x = u_2 = \frac{1}{R_1 C} \int_0^t u_1 \, dt \qquad (7.39)$$

Nicht nur erreicht man mit einem integrierenden Verstärker nach Fig. 70 einen hohen Linearitätsgrad der sweep-Flanke, sondern es ist jetzt auch möglich, dekadische Umschaltungen der Perioden T_x mit einem Eingangsabschwächer durchzuführen. Da der Kondensator in Fig. 70 in jeder Schaltstufe des Abschwächers mit konstantem Strom i_2 aufgeladen wird, bis die Zündspannung $u_x = U_d$ erreicht ist, bedeutet eine Untersetzung des Stromes nichts anderes als eine Übersetzung der Periodendauer:

$$[u_x]_{t=T_x} = \frac{1}{C} \int i_2 \, dt = \frac{1}{C} i_2 T_x = U_d$$

$$i_2 = \text{const.}: \qquad T_x = \frac{CU_d}{i_2}$$

$$f_x = \frac{1}{T_x} \sim i_2 \sim u_1 \qquad (7.40)$$

Anmerkung: Der Integrierverstärker von Fig. 70 kann auch dazu verwendet werden, eine frequenzproportionale Spannung (= Frequenzachse) abzugeben. Würde man beispielsweise die relativ langsame Sägezahnspannung einer 1.

Integrationsstufe dem Eingang eines 2. Integrierverstärkers (der aber viel schneller schwingt) zuführen, so könnte der langsame 1. Sägezahn am X-System der Bildröhre die Frequenz des 2. schnelleren Sägezahns anzeigen, siehe Fig. 88.

Falls die Frequenzen der Sägezahnspannung u_x und einer periodischen Signalspannung u_y genau übereinstimmen, oder gegebenenfalls in einem ganzzahligen Verhältnis $f_y/f_x = n$ ($n = 1, 2, 3, \ldots$) stehen, so erscheint auf dem Bildschirm ein

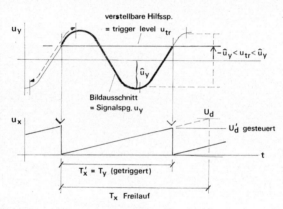

Fig. 71: Prinzip des Triggers

scheinbar stehendes Bild von gerade n Perioden der Spannung u_y. Bei kleinen Abweichungen wandert das Bild mit der scheinbaren Frequenz $f_y - n \cdot f_x$. Die Einstellung eines *stehenden* Schwingungsbildes wird nun sehr erleichtert durch einen automatischen Steuerungsvorgang (Regelung des sweep-Beginns durch die Signalspannung). Wir nennen diese Einrichtung den „Trigger" (von engl. trigger = Abzug eines Gewehrs). Der Trigger arbeitet folgendermassen:

Die Signalspannung u_y wird mit einer Hilfsspannung u_{tr} (= trigger level) verglichen. Sobald die

(7.5.3) Zeitproportionale Sägezahnspannung

Triggerbedingung
$$u_y - u_{tr} = 0$$
$$\frac{d}{dt}(u_y - u_{tr}) > 0 \tag{7.40}$$

erfüllt ist, springt die Sägezahnspannung auf Null und beginnt mit einem neuen Zyklus, auch wenn die Periode T_x im sogenannten „Freilauf" (d. h. ohne Trigger) noch gar nicht beendet war. Der Trigger gestattet nun nicht nur einen automatischen Gleichlauf (=Synchronismus), sondern wir können durch Handverstellung der Spannung u_{tr} auch den Einsatzpunkt der abzubildenden Schwingung verändern, wodurch der Eindruck entsteht, als werde eine stillstehende Schwingung in x-Richtung von links nach rechts bewegt.

8. Stationäre Wechselströme

8.1 Erzeugung einer Wechselspannung: Sinusspannung, Rechteckspannung, harmonische Analyse

Stellen Sie sich einmal vor, dass die Drehspule des Messgeräts von Fig. 56 mit konstanter Winkelgeschwindigkeit ω und konstanter Umfangsgeschwindigkeit $v = r\omega$ rotiert. Realisierbar ist dieses einfache Vorstellungsmodell einer elektrischen Maschine dadurch, dass der weichmagnetische Kern auf die Welle montiert, und dass die Anschlüsse der „Ankerspule" auf Schleifringe (statt auf Federn) geführt werden.

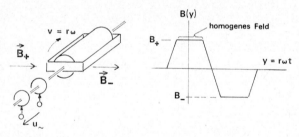

Fig. 72: Rotierende Spule in homogenem Wechselpolfeld

Der zeitliche Verlauf der an den Schleifringbürsten (†) messbaren Spannung, die sich aus Beiträgen sämtlicher Spulenleiter ($2N$) algebraisch zusammensetzt, muss gemäss Gl. 6.15 ein getreues Abbild des räumlichen Induktionsverlaufs sein; Wechselpolanordnungen führen deshalb automatisch zu Wechselspannungen.

Trapezförmige Wechselspannung:

$$u(t) = 2Nlv \cdot B(y) \tag{8.1}$$

(8.1) Sinus- und Rechteckspannung, harmonische Analyse

Geeignete Massnahmen, welche vor allem in einer zweckmässigen räumlichen Wicklungsverteilung $N=N(y)$ bestehen, lassen allerdings in einer wirklichen elektrischen Maschine Induktions*verteilung* (räumlich) und Spannungs*verlauf* (zeitlich) sinus- oder cosinusförmig erscheinen, sodass wir als Prototyp einer Maschinenspannung eine

reine (=harmonische) Wechselspannung

$$u = \hat{U} \cos \omega t$$

mit den Kennwerten

$$\hat{U} = \text{Scheitelwert (Amplitude)} \tag{8.2}$$

$$\omega = \text{Kreisfrequenz} \ (=2\pi f)$$

erhalten.

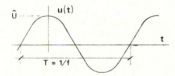

Fig. 73: Harmonische Wechselspannung

Eine Wechselspannung kann aber auch durch eine periodisch ausgeführte Schaltoperation aus einer Gleichspannung gewonnen werden. Als Modell eines solchen „Zerhackers", der in der Regel nicht nur mit mechanischen Mitteln sondern weitaus am meisten mit elektronischen Einrichtungen realisiert wird, stellen wir uns einen mit konstanter sekundlicher Drehzahl n (=Rotationsfrequenz) umlaufenden Kontaktapparat vor, siehe Fig. 74. Der aus einem Schleifringsatz und aus einem 2-teiligen „Kommutator" bestehende Wechselrichter liefert eine für alle Wechselrichter typische rechteckige Spannungsform:

Rechteckspannung

$$\left.\begin{array}{l} T = \dfrac{1}{n} \\ k = 0, 1, 2, 3 \ldots \end{array}\right\}$$

$$u_\sim = \begin{array}{l} [+U_-] \quad \text{falls} \quad \pm k - \dfrac{1}{4} < \dfrac{t}{T} < \pm k + \dfrac{1}{4} \\ [-U_-] \quad \text{falls} \quad \pm k + \dfrac{1}{4} < \dfrac{t}{T} < \pm k + \dfrac{3}{4} \end{array} \qquad (8.3)$$

Tatsächlich lässt sich die Rechteckspannung (wie jede beliebige periodische Funktion) in eine Fourierreihe entwickeln, deren einzelne Komponenten mit ganzzahligen Frequenzviel-

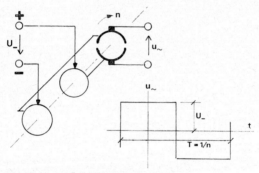

Fig. 74: Kommutierte Gleichspannung (Wechselrichterspannung)

fachen νf_1 der Grundfrequenz $f_1 = n = 1/T$ die *Harmonischen* einer Wechselspannung genannt werden.

Harmonische Analyse der Rechteckspannung:

$$u_\sim = \pm U_- = \sum_{(\nu)} {}^\nu u =$$
$$= {}^1\hat{U} \cos \omega_1 t - {}^3\hat{U} \cos 3\omega_1 t + {}^5\hat{U} \cos 5\omega_1 t - + \ldots$$

$${}^\nu \hat{U} = \frac{1}{\nu} \cdot \frac{4}{\pi} U_- = \frac{1}{\nu} \cdot {}^1\hat{U} \qquad (8.4)$$

8.2 Wechselstrom in einem Ohmschen Widerstand: Leistung, Effektivwert, Klirrfaktor

Das Ohmsche Gesetz, eine strenge Proportionalität zwischen Spannung und Strom, gilt auch für die Zeitwerte eines Wechselstroms. Demnach wird der zeitliche Leistungsverlauf durch ein cos²-Gesetz nach Fig. 75 beschrieben, welches wieder-

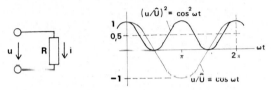

Fig. 75: Verlauf der Spannung und der Leistung in einem Widerstand

um einen für die Wärmeproduktion entscheidenden Mittelwert liefert, den wir als „die Wirkleistung" bezeichnen.

$u = Ri$:

$$P(t) = u \cdot i = Ri^2 = \frac{u^2}{R} = \frac{\hat{U}^2}{R} \cos^2 \omega t$$

$$\left(\frac{u}{\hat{U}}\right)^2 = \frac{1}{2}(1+\cos 2\omega t)$$

$$P(t) = \frac{\hat{U}^2}{2R}(1+\cos 2\omega t) \qquad (8.5)$$

Die *Wirkleistung des Wechselstroms*

$$P = \bar{P}(t) = \frac{1}{T}\int_0^T P(t)\,\mathrm{d}t = \frac{1}{2\pi}\int_0^{2\pi} P(t)\cdot \mathrm{d}(\omega t)$$

$$P = \frac{\hat{U}^2}{2R} = \frac{U^2}{R} \qquad (8.6)$$

bestimmt einen mit U (ohne Suffix) bezeichneten *quadratischen Mittelwert*, welcher die gleiche Wärmeproduktion hervorbringt wie ein äquivalenter Gleichstromwert. Dabei ist dieselbe Definition auf Spannungen oder Ströme anwendbar. Die quadratischen Mittelwerte der Wechselspannung und des Wechselstroms heissen:

Effektivwerte

$$U^2 = \overline{u^2} = \frac{1}{T} \int_0^T u^2 \, dt = \frac{\hat{U}^2}{2}$$

$$I^2 = \overline{i^2} = \frac{1}{T} \int_0^T i^2 \, dt = \frac{\hat{I}^2}{2}$$

$$U = \frac{\hat{U}}{\sqrt{2}} \quad I = \frac{\hat{I}}{\sqrt{2}} \quad P = U \cdot I \tag{8.7}$$

Der Effektivwert stellt die einzige eindeutige Intensitätsbezeichnung für einen allgemeinen (auch nicht-sinusförmigen) Wechselstrom dar. Dies soll für den Rechteckstrom als besonders einfaches Beispiel eines verzerrten Wechselstroms näher erläutert werden:

$$P = R(\pm I_-)^2 = \frac{R}{2\pi} \int_0^{2\pi} d(\omega_1 t) \cdot \left[\sum_{(\nu)} {}^\nu i\right]^2 \tag{8.8}$$

Dabei leisten gemischte Produkte ${}^\nu \hat{I} \cos \nu\omega_1 t \cdot {}^\lambda \hat{I} \cos \lambda\omega_1 t$ ($\lambda \neq \nu$) keinen Beitrag an den Leistungsmittelwert. Daher gilt:

$$\int_0^{2\pi} \left[\sum_{(\nu)} {}^\nu i\right]^2 d(\omega_1 t) = {}^1\hat{I}^2 \int_0^{2\pi} d(\omega_1 t) \left[\frac{\cos^2 \omega_1 t}{1^2} + \frac{\cos^2 3\omega_1 t}{3^2} \cdots \right]$$

$$P = R \frac{{}^1\hat{I}^2}{2} \cdot \sum_{(\nu)} \nu^{-2}$$

$$I^2 = {}^1I^2 + {}^3I^2 + {}^5I^2 + \cdots \tag{8.9}$$

Der Effektivwert eines nicht-sinusförmigen Wechselstroms ist demnach (ohne weitere Einschränkung) durch die Quadratsumme sämtlicher Harmonischenanteile gegeben; die Leistungen der Teilwellen dürfen überlagert werden, so als würden sie ohne sich zu stören nacheinander auftreten, siehe Superpositionsprinzip in Abschn. 3.2.

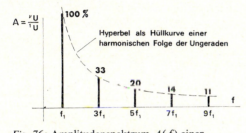

Fig. 76: Amplitudenspektrum $A(f)$ einer Rechteckspannung: Diskrete Folge von Effektivwerten der Harmonischen über zugeordneten Frequenzen

Ein geeignetes Mass für die Verzerrung (engl. distorsion) eines Wechselstroms ist der auf die Oberwellen zurückgeführte relative Anteil des Effektivwertes. Dieser wird im deutschen Sprachgebrauch bezeichnet als

Klirrfaktor (Begriffsentlehnung aus der Akustik)

$$(d \cdot I)^2 = {}^3I^2 + {}^5I^2 + \cdots$$

$$d = \frac{\sqrt{{}^3I^2 + {}^5I^2 + \cdots}}{I} \qquad (8.10)$$

Zahlenbeispiel 6

Es ist der Klirrfaktor des Rechteckstromes zu berechnen. Setzt man gemäss Gl. 8.4

$${}^1\hat{I} = \frac{4}{\pi} I_-$$

$${}^1I = \frac{4}{\sqrt{2}\,\pi} I_-$$

so folgt

$$I^2 = {}^1I^2 + ({}^3I^2 + {}^5I^2 + \ldots) = I_-^2$$

$$I^2 = I^2 \cdot \frac{8}{\pi^2} \cdot \left[1 + \left(\frac{1}{9} + \frac{1}{25} + \ldots\right)\right]$$

$$d^2 = 1 - ({}^1I/I)^2 = 1 - \frac{8}{\pi^2} \approx 0{,}18$$

$$d \approx 0{,}425$$

8.3 Spannungsabfälle in einer Reihenschaltung aus L, R, C

Wenn der allen Schaltelementen einer Reihenschaltung gemeinsame Strom einen sinusförmigen Verlauf hat, dann müssen auch die Spannungsabfälle an einer Spule u_L und an einem Kondensator u_C einen ähnlichen Verlauf nehmen, weil bei der

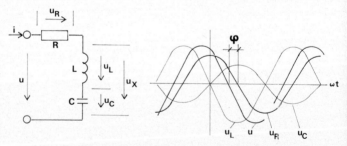

Fig. 77: Teilspannungen in einem gemischten Wechselstromkreis

Differentiation und Integration der cos-Funktion wiederum cos-Funktionen entstehen; allerdings unterscheiden sich die abgeleiteten gegenüber der Stromverlaufs-Funktion in einer Zeitverschiebung Δt, welche wir durch die sogenannte *Phasenver-*

schiebung $\varphi = \omega \cdot \Delta t$ berücksichtigen:

$$u_R = R \cdot i = R \cdot \sqrt{2}\, I \cos \omega t \qquad \varphi = 0$$
(Bezugsphase)

$$u_L = L \cdot \frac{di}{dt} = \omega L \cdot \sqrt{2}\, I \cos\left(\omega t + \frac{\pi}{2}\right) \qquad \varphi = +\frac{\pi}{2}$$

(8.11)

$$u_C = \frac{1}{C} \int i\, dt = \frac{1}{\omega C} \cdot \sqrt{2}\, I \cos\left(\omega t - \frac{\pi}{2}\right) \qquad \varphi = -\frac{\pi}{2}$$

Aber auch wenn man von der Phasendrehung $\pm\frac{\pi}{2}$ absicht, so haben Spule und Kondensator immer noch eine Frequenz — selektive Eigenschaft ($u_L \sim \omega$, $u_C \sim 1/\omega$). Dies hat folgende Konsequenz: Bei nicht-sinusförmigem Strom hat man die Spannungsabfälle an Spule und Kondensator für jede einzelne Harmonische des Stromes zu bilden; bei der anschliessenden Überlagerung kommen für die Spulen- und Kondensatorspannung *verschiedene Spannungsformen* heraus.

Wir wollen jedoch für die weitere Behandlung der Wechselströme sinusförmigen Strom- und Spannungsverlauf voraussetzen. Dann muss auch die Summenspannung $u = u_R + u_L + u_C$ eine cos-Funktion ergeben. Die Aufgabestellung der Addition mehrerer gleichfrequenter phasenverschobener Schwingungsbilder führt aber immer noch zu mathematisch unhandlichen Operationen (Additionstheoreme usw.). Deshalb wird im nächsten Abschnitt die für die Wechselstromrechnung typische komplexe Rechnung eingeführt.

8.4 Zeigerdarstellung, komplexe Schreibweise

Es liegt auf der Hand, die verschiedenen cos-förmigen Spannungen gleicher Frequenz in Fig. 77, welche sich nur in der Amplitude $\sqrt{2}U$ und in der Phasenlage φ unterscheiden, als Projektionen verschiedener gleichschnell und gleichmässig rotierender Zeiger aufzufassen. Ob man dabei zuerst die Zeiger in ein mit Winkelgeschwindigkeit $+\omega$ (gegen die Uhr) rotierendes Koordinatensystem einschreibt und die Zeitwerte als Projektion auf die ruhende x-Achse nimmt — oder ob man die Zeiger stillstehen lassen und die x-Achse als sogenannte „Zeitlinie" in Richtung $-\omega$ rotieren lassen will, ist belanglos. Wichtig ist allein eine masstäblich richtige Wiedergabe der *Amplitudenverhältnisse und Phasenabstände*. In der Darstellung von Fig. 78 wird deshalb der Amplitudenfaktor $\sqrt{2}$ unterdrückt; die Zeigerlänge entspreche den jeweiligen Effektivwerten.

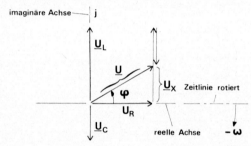

Fig. 78: Zeigerdarstellung von Wechselspannungen in der komplexen Ebene

Abgesehen von der „Kompression" des Zeitlinienmasstabes um den Faktor $\sqrt{2}$ erscheint jetzt die gesuchte Summenspannung

$$u = u_R + u_L + u_C = \sqrt{2}\ U \cos(\omega t + \varphi) \tag{8.12}$$

als Projektion des Summenvektors (eine Vektorsumme ist bekanntlich auch definiert als Doppelsumme, zu nehmen in wenigstens zwei Koordinatenrichtungen).

Die Hauptachsen des gegenüber der Zeitlinie in Rotation befindlichen Zeigersystems werden aus mathematischen Gründen als reelle und imaginäre Achse bezeichnet. Die Zeiger (=Zeitvektoren) stellen dann komplexe Zahlen dar (weil sie sich aus reellen und imaginären Komponenten zusammensetzen). Dies wird klar durch den nachfolgenden *Eulerschen Kalkül*. Setzt man nämlich den Augenblickswert $u(t)$ als Realteil einer in Drehung befindlichen komplexen Zeigerposition **u**(t) (=Koordinatenangabe der Zeigerspitze), so gilt:

$$u(t) = \text{Re}\,[\mathbf{u}(t)] = \sqrt{2}\,U\cdot\text{Re}\,[\cos(\omega t+\varphi)+j\sin(\omega t+\varphi)]$$

Eulersche Form

$$\mathbf{u}(t) = \sqrt{2}\,U\cdot e^{j(\omega t+\varphi)}$$

$$= (Ue^{j\varphi})(\sqrt{2}\,e^{j\omega t}) \qquad (8.13)$$

Anmerkung: Zwei Wechselspannungen mit gleichem Effektivwert und 180° Phasenunterschied (beispielsweise eine induktive Komponente u_L und eine kapazitive Komponente u_C, siehe Fig. 77 u. 78) stehen zueinander im Verhältnis $u_L/u_C = -1$:

$$|\mathbf{U}_L| = |\mathbf{U}_C|: \quad \frac{\mathbf{u}_L(t)}{\mathbf{u}_C(t)} = \frac{e^{j(\omega t+\pi)}}{e^{j\omega t}} = e^{j\pi} = -1$$

$$= [e^{j\frac{\pi}{2}}]^2 = j^2$$

$$j^2 = -1$$

Die Bezeichnung $j=\sqrt{-1}$ ist identisch mit der „imaginären" Einheit.

Spaltet man in Gl. 8.13 den trivialen Faktor $\sqrt{2}\,e^{j\omega t}$ ab, so bleibt der eigentliche Zeiger, *die „komplexe Wechselspannung"*, welche alle notwendigen Informationen über die Wechselspannung enthält (nachdem die Frequenz als bekannt vorausgesetzt werden kann):

$$\mathbf{U} = U\cdot e^{j\varphi} \qquad (8.14)$$

andere Schreibweise

$$\mathbf{U} \equiv U$$

8.5 Definition und Darstellung von Blind- und Scheinwiderständen

Mit den komplexen Wechselstromsymbolen kann man rechnen wie mit gewöhnlichen Zahlen, wenn man berücksichtigt, dass jede mathematische Operation die getrennte Behandlung der beiden Informationen U und φ einschliesst. So wird aus der gewöhnlichen Addition jetzt eine *Vektor*addition; bei der Multiplikation zweier komplexer Grössen ist getrennt eine Multiplikation der Beträge und eine Addition der Phasenwinkel auszuführen, z.B.

$$\mathbf{U}_1 \cdot \mathbf{U}_2 = (U_1 \cdot U_2) e^{j(\varphi_1 + \varphi_2)}$$

Aus diesem Grund kann die Schaltung von Fig. 77 ersatzweise durch einen einzigen allgemeinen Wechselstromwiderstand dargestellt werden, den man „die Impedanz" nennt, und welcher formal die Rolle des Ohmschen Widerstandes in einem Gleichstromkreis übernimmt, wobei alle bisherigen Regeln über Stromkreise ihre Gültigkeit behalten.

Nachdem der Strom einer Reihenschaltung $\mathbf{I} = I$ ohne Einschränkung in die reelle Achse gelegt werden darf, ergeben sich für die Impedanz $\mathbf{Z}$ und ihre Komponenten $Z \cdot \cos\varphi$ bzw. $Z \cdot \sin\varphi$ die gleichen Relationen wie für das Spannungsdreieck in Fig. 78.

Impedanz (= Scheinwiderstand)

$$\mathbf{Z} = \frac{\mathbf{U}}{I} = Z e^{j\varphi} = R + jX \qquad (8.15)$$

$$Z = \sqrt{R^2 + X^2} \quad \text{in} \quad \Omega$$

$$\varphi = \operatorname{arctg} \frac{X}{R}$$

$$jX_L = \frac{\mathbf{U}_L}{I} = j\omega L = \text{Reaktanz der Spule}$$

$$jX_C = \frac{\mathbf{U}_C}{I} = \frac{1}{j\omega C} = -\frac{j}{\omega C} = \text{Reaktanz des Kondensators}$$

(8.5) Definition von Blind- und Scheinwiderständen

Reaktanz (= Blindwiderstand)

$$X = Z \sin \varphi = X_L + X_C = \omega L - \frac{1}{\omega C} \quad \text{in} \quad \Omega \quad (8.16)$$

Dass man X einen „Blindwiderstand" nennt, liegt daran, dass reaktive Schaltelemente (Spule und Kondensator) keine echte Leistung umsetzen können, siehe nächster Abschnitt.

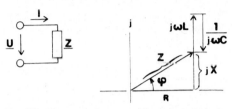

Fig. 79: Ersatzschaltung und Impedanzdreieck

Die rechnerischen Kehrwerte von Impedanz und Reaktanz werden, genau wie der Leitwert $G=1/R$ in einem Gleichstromkreis, mit Vorteil in einer Parallelschaltung verwendet, wo (als allen Schaltungselementen gemeinsame Grösse) die Spannung Bezugsgrösse ist ($\mathbf{U}=U$), und wo die Stromsumme $\mathbf{I}=\mathbf{I}_G+\mathbf{I}_C+ +\mathbf{I}_L$ zu bilden ist. Wir definieren:

Admittanz (= Scheinleitwert)

$$\mathbf{Y} \cdot \mathbf{Z} = 1$$

$$(Ye^{-j\varphi}) \cdot (Ze^{j\varphi}) = 1$$

$$\mathbf{Y} = \frac{\mathbf{I}}{\mathbf{U}} = \frac{1}{Z} \cdot e^{-j\varphi} = G + jB$$

$$Y = \sqrt{G^2 + B^2} \quad \text{in} \quad \text{mho} \quad (8.17)$$

Suszeptanz (= Blindleitwert)

$$B = Y \sin \varphi = B_C + B_L = \omega C - \frac{1}{\omega L} \quad \text{in} \quad \text{mho} \quad (8.18)$$

8.6 Begriffe der Blind- und Scheinleistung

Reaktive Schaltungselemente (Spule und Kondensator) sind Energiespeicher. Sie können zwar kurzzeitig Leistung aufnehmen oder abgeben (der Speicher wird geladen oder entladen, siehe Fig. 39 und 40); da jedoch die Speicherfähigkeit (z.B. Kapazität) begrenzt ist, kommt im Durchschnitt über eine längere Zeitperiode immer der Leistungsmittelwert Null heraus. Insbesondere bei Wechselstrom ergibt sich eine Leistungsschwingung mit doppelter Stromfrequenz (Mittelwert Null bereits innerhalb einer halben Stromperiode). Wir nennen die Amplitude der Leistungsschwingung „die Blindleistung".

Die in einer aus Spule und Kondensator bestehenden Reaktanz X gespeicherte Energie setzt sich zusammen aus den Energieinhalten eines magnetischen und eines elektrostatischen Feldes, siehe Gl. 5.27 und 4.14:

$$W(t) = W_m + W_e = \frac{1}{2} Li^2 + \frac{1}{2} Cu_C^2 \qquad (8.19)$$

Berücksichtigt man die Phasenlage von Strom und Spannung nach Fig. 77, wo einfach $i = \sqrt{2} I \cdot \cos \omega t$ und $u_C = \sqrt{2} U_C \cdot \sin \omega t$ gesetzt war, so schwingen die einzelnen Energiebeträge $W_m \sim \cos^2 \omega t$ und $W_e \sim \sin^2 \omega t$ (grundsätzlich Energieverlauf ähnlich Leistungsverlauf in einem Widerstand, siehe Fig. 75):

$$\frac{1}{2} i^2 = I^2 \cos^2 \omega t = I^2 (1 + \cos 2\omega t)/2$$

$$\frac{1}{2} u_C^2 = U_C^2 \sin^2 \omega t = U_C^2 (1 - \cos 2\omega t)/2 \qquad (8.20)$$

Der Augenblickswert der reaktiven Leistung (reaktiv im Sinn von „rückgewinnbar" = reversibel) ergibt sich daher nach Gl. 1.2 als zeitlicher Differentialquotient zu 8.20 ohne Mittelwert (!):

$$P(t) = \frac{dW}{dt} = (\omega L I^2 - \omega C U_C^2)(-\sin 2\omega t) \qquad (8.21)$$

(8.6) Begriffe der Blind- und Scheinleistung

Berücksichtigt man weiter nach Gl. 8.16 $U_C = I/\omega C$, so folgt für den Begriff der Blindleistung (=Amplitude von Gl. 8.21):

$$P_q = \left(\omega L - \frac{1}{\omega C}\right) I^2 = X I^2 \tag{8.22}$$

In einer Reihenschaltung nach Fig. 77, die neben der Reaktanz X einen Ohmschen Widerstand R enthält, gilt bei reellem Strom I die Spannungsgleichung

$$\mathbf{U} = U_R + j U_X \tag{8.23}$$

Multipliziert man Gl. 8.23 mit dem Strom, so entsteht eine komplexe Leistungsgleichung, welche die *3 verschiedenen Leistungsbegriffe der Wechselstromlehre* vereinigt:

$$\mathbf{U} \cdot I = U_R I + j(U_X I)$$
$$\mathbf{P}_s = P + j P_q \tag{8.24}$$

Scheinleistung

$$P_s = U \cdot I = Z I^2 \quad \text{in VA } „Voltampere\text{"} \tag{8.25}$$

Wirkleistung

$$P = P_s \cdot \cos \varphi = R I^2 \quad \text{in W} \quad „Watt\text{"} \tag{8.26}$$

Blindleistung

$$P_q = P_s \cdot \sin \varphi = X I^2 \quad \text{in var } „va\text{-}reaktiv\text{"} \tag{8.27}$$

Der *Leistungsfaktor* $\cos \varphi$ ergibt sich immer als Verhältnis P/P_s, unabhängig davon, wie die Wechselstromschaltung im

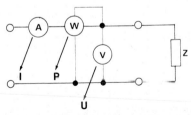

Fig. 80: Klassische Messanordnung zur Bestimmung des Leistungsfaktors

einzelnen zusammengesetzt sein mag (Reihen-, oder Parallelschaltung, oder ein beliebig vermaschtes Netzwerk). Man bestimmt den Leistungsfaktor in der Regel durch eine Messanordnung mit Volt-, Ampere- und Wattmeter.

Zahlenbeispiel 7

Ein Wechselstrommagnet nach Fig. 50, wie er in typischer Weise als Antriebsorgan eines elektromechanischen Servoschalters („Schütz") Verwendung findet, stellt elektrisch eine Reihenschaltung aus L und R dar, siehe Fig. 51. Der zeitliche Verlauf der Zugkraft folgt der Energie des Magnetfeldes

$$F(t) = \frac{\partial W_m}{\partial x} \sim W_m(t)$$

Wir haben den Anker durch Einführung eines Holzkeils der Dicke $x=5$ mm arretiert und eingeschaltet. Zu berechnen ist die mittlere Zugkraft $F=\bar{F}(t)$ aus nachfolgenden Daten:

Gegeben
$x = 0,005$ m (Schieblehre)
$f = 50$ Hz (Wechselstromnetz/Steckdose)
$U = 220$ V (Voltmeter)
$I = 5$ A (Amperemeter)
$P = 660$ W (Wattmeter)

Impedanz $\quad Z = U/I = 220$ V$/5$ A $= 44\,\Omega$

Scheinleistung $\quad P_s = U \cdot I = 220$ V $\cdot 5$ A $= 1100$ VA

Leistungsfaktor $\cos\varphi = P/P_s = 660$ W$/1100$ VA $= 0,6$

$$\sin\varphi = \sqrt{1-0,36} = \sqrt{0,64} = 0,8$$

Reaktanz $\quad X = Z\sin\varphi = 44\,\Omega \cdot 0,8 = 35,2\,\Omega$

Kreisfrequenz $\quad \omega = 2\pi \cdot f = 100$ Hz$\cdot\pi = 314$ Hz

Induktivität $\quad L = X/\omega = 35,2\,\Omega/314$ Hz $= 112$ mH

mittlere Energie $W_m = I^2 \cdot L/2 = 25$ A$^2 \cdot 56$ mH $=$
$$= 1,4\text{ Ws} = 1,4\text{ Nm}$$

mittlere Kraft $\quad F = W_m/x = 1,4$ Nm$/0,005$ m $=$
$$= 280\text{ N} = 28,5\text{ kp}$$

(8.6) Begriffe der Blind- und Scheinleistung

Wir wollen uns ein Experiment vorstellen, bei welchem an stationärer Wechselspannung (U=const.) die Impedanz des Verbrauchers dem Betrag nach ebenfalls konstantgehalten werden soll, während gleichzeitig die Phase in den Grenzen $-\pi/2 < \varphi < \pi/2$ verändert wird; dann muss die Spitze des Scheinleistungsvektors $\mathbf{P}_s$ in Fig. 81 in der komplexen Ebene einen

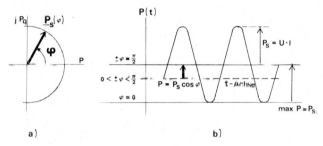

a)   b)

Fig. 81: Wechselstromleistungen bei veränderlicher Phasenverschiebung
a) als Ortskurve (veränderliche Winkellage)
b) als Zeitdiagramm (verschiebbare Zeitachse)

Kreis beschreiben. Wir nennen den gemeinsamen geometrischen Ort für die Punktfolge $\mathbf{P}_s = \mathbf{P}_s(\varphi)$ eine *Ortskurve*. Ortskurven stellen ein geeignetes mathematisches Hilfsmittel dar, um den funktionellen Zusammenhang zwischen einer abhängigen komplexen Grösse (der „Ordinate") von einem Parameter (der „Abszisse", z.B. φ) darzustellen. Wenn im besonderen die Ortskurve $\mathbf{P}_s(\varphi)$ ein Kreis ist, so ist klar, dass die Amplitude der Leistungsschwingung dauernd denselben Wert haben muss, nämlich $|\mathbf{P}_s| = U \cdot I$ = const. Lediglich die Nullinie der Schwingung verschiebt sich nach Massgabe des Wirkleistungsanteils P.

9. Wechselströme bei variabler Frequenz

9.1 REIHENRESONANZ, BEGRIFF DER GÜTE

Wenn man wie obenstehend gezeigt die Reihenschaltung von Fig. 63 an eine (an sich stationäre) Wechselspannung U_0 (reell, weil Bezugsgrösse) anschliesst, so werden sich Reaktanz

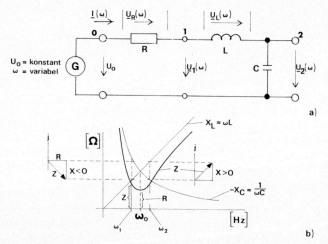

Fig. 82: Reihenresonanz
a) Reihenschaltung an *Spannungs*-Quelle
b) Frequenzabhängigkeit der Impedanzen

und Impedanz in starkem Masse ändern, wenn die (Kreis)-Frequenz ω der eingeprägten Spannung U_0 variiert. Der Widerstand R kann sich aus dem Innenwiderstand der Quelle und aus dem Wicklungswiderstand der Spule zusammensetzen; die

(9.1) Reihenresonanz, Begriff der Güte

Reaktanzen der Spule und des Kondensators sind frequenzselektiv: Der induktive Blindwiderstand steigt mit ω linear ($X_L \sim \omega$), der kapazitive Blindwiderstand fällt hingegen nach einer Hyperbel ($X_C \sim 1/\omega$), siehe Fig. 82b.

Das Minimum der Impedanz Z (an der Klemme 0) fällt zusammen mit einem Nulldurchgang der resultierenden Reaktanz X (Klemme 1):

$$Z = \sqrt{R^2 + \left(\omega L - \frac{1}{\omega C}\right)^2} = \text{min.}$$

Resonanzfrequenz $\quad \omega_0 L = \dfrac{1}{\omega_0 C}$

$$\omega_0 = \frac{1}{\sqrt{LC}} \tag{9.1}$$

Impedanzminimum $\quad Z_{\min} = R \tag{9.2}$

Das Impedanzminimum fällt umso ausgeprägter ins Gewicht, je kleiner der Widerstand R ist. Insbesondere entsteht ein hohes Strommaximum $I_{\max} = U_0/R \to \infty$ falls $R \to 0$. In dem (rein theoretischen) Fall, dass sich die Schaltelemente R und L sauber trennen lassen, so dass sich wie in Fig. 82a der Trennungspunkt als Anschlussklemme (1) präsentiert, entsteht ein selektiver Kurzschluss über 1 (selektiv = nur für eine Frequenz $\omega = \omega_0$ wirksam). Dies führt zur idealisierten Vorstellung von Fig. 83a: Der Stromkreis zerfällt energetisch in einen Ohmschen Wirkleistungsteil und in einen unabhängigen Blindleistungskreis. Der in sich geschlossene Blindleistungskreis stellt ein energetisch abgeschlossenes System dar (siehe auch Fig. 51: Elektromagnet). Er ist einem reibungsfreien Pendel vergleichbar (= „perpetuum mobile") und heisst in der Elektrotechnik (idealer) *Schwingkreis*.

Wenn z.B. gemäss Fig. 83a R den inneren Widerstand der Stromquelle darstellt, dann kann der selektive Kurzschluss bei 1 dazu dienen, aus einem Frequenzgemisch $u_0 = \sum {}^v u(\omega_v)$ eine einzige als unerwünscht betrachtete Komponente *herauszusaugen*, indem an der Klemme 1 alle Teilspannungen vorkommen können ausser derjenigen mit der Resonanzfrequenz: ${}^v u = 0$

falls $\omega_v = \omega_0$. Die Reihen- Resonanzschaltung wird deshalb als *Saugkreis* bezeichnet (Prinzip eines elektrischen Filters).

Eine Selektionierung der Frequenzen in Bezug auf ω_0 findet aber auch dann noch statt, wenn sich der Widerstand R nicht genau lokalisieren lässt. So ist in Fig. 83*b* angenommen, dass der Widerstand (= Wicklungswiderstand) seinen Sitz innerhalb

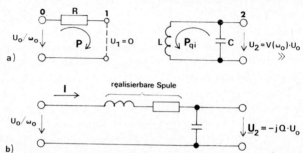

Fig. 83: Aussagen des Resonanzbegriffes
a) Idealisierter Saugkreis: Spannungs — Verstärkung
b) Realistische Schaltung: Phasenlage der Spannungen

der Spule habe. Dann ist die Klemme 1 nicht zugänglich. Es bleibt eine Bevorzugung, weil die Ausgangsspannung bei Resonanzfrequenz $u_2(\omega_0) = V(\omega_0) \cdot u_0$ im Verhältnis zur Eingangsspannung u_0 erheblich *verstärkt* wird. Die Resonanzverstärkung $V(\omega_0)$ ist ein Mass (oder vielmehr sogar eine Folge) des Verhältnisses innere Blindleistung P_{qi}: zugeführter Wirkleistung P.

$$\omega = \omega_0: \qquad V(\omega_0) = \frac{U_2}{U_0} = \frac{U_2 \cdot I}{U_0 \cdot I} = \frac{P_{qi}}{P} \qquad (9.3)$$

$$V(\omega_0) = \left(\frac{I}{\omega_0 C}\right) \bigg/ (I \cdot R) = \frac{1}{\omega_0 C R} \qquad (9.4)$$

Wir bezeichnen die Resonanzverstärkung als

Güte (= Qualität)

$$\frac{1}{\omega_0 C} = \omega_0 L: \qquad Q = V(\omega_0) = \frac{\omega_0 L}{R} \qquad (9.5)$$

9.2 Die symmetrische Resonanzkurve: Verstimmung, Amplituden- und Phasenfunktion

Die Güte der Reihenschaltung kennzeichnet eine mehr oder minder ausgeprägte Spannungsspitze am Ausgang $U_2(\omega)$ und eine *Strompitze am Eingang* $I(\omega)$. Gleichzeitig führt der Nulldurchgang der Reaktanz X am Eingang zu einer scharfen Phasenumkehr $\varphi(\omega)$.

Wir wollen den Frequenzverlauf der Funktion $X(\omega)$ in der Nähe ihres Nulldurchgangs durch eine Taylorentwicklung ersetzen (Nähe heisst: Übereinstimmung umso besser, je näher ω bei ω_0 im Verhältnis zu ω_0). Dann gilt:

$$X(\omega) = \omega L - \frac{1}{\omega C} = [X]_{\omega_0} + \left[\frac{dX}{d\omega}\right]_{\omega_0} \cdot (\omega - \omega_0) + \ldots$$

$$\frac{1}{\omega_0^2 C} = L:$$

$$X(\omega) \approx \left(L + \frac{1}{\omega_0^2 C}\right)(\omega - \omega_0) = 2L(\omega - \omega_0)$$

Verstimmung

$$\xi = 2\frac{\omega - \omega_0}{\omega_0} \tag{9.6}$$

$$X(\omega) = X(\xi) = \omega_0 L \cdot \xi = R \cdot (Q\xi)$$

Wir betrachten den aus *Güte mal Verstimmung* zusammengesetzten Ausdruck $(Q\xi)$ als geeignetes normiertes Frequenzmass, um nachfolgend gemäss Gl. 8.15 den Phasenwinkel $\varphi = \varphi(Q\xi)$ auf einfache Weise ausdrücken zu können:

Phasenfunktion

$$\varphi(\omega) = \text{arctg}\frac{X}{R} = \text{arctg}(Q\xi) \tag{9.7}$$

Bezieht man den am Eingang der Reihenschaltung auftretenden Strom $I(\omega)$ auf den bei Resonanz auftretenden Maximalwert I_{max}, so erhält man eine relative Eingangs (=Strom-)amplitude:

Amplitudenfunktion

$$A = \frac{I(\omega)}{I_{max}} = \left[\frac{U_0}{Z(\omega)}\right] \Big/ \left[\frac{U_0}{Z_{min}}\right]$$

$$A = \frac{R}{Z} = \cos \varphi \tag{9.8}$$

Damit sind 3 dimensionslose Grössen durch eine eindeutige analytische Funktion verbunden: Amplitude (A), Phase (φ) und normiertes Frequenzmass ($Q\xi$). Wir fassen φ als ge-

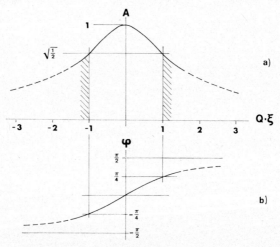

Fig. 84: Normierte Resonanzkurve
a) Amplitudenfunktion
b) Phasenfunktion

meinsamen Parameter auf und stellen in Fig. 84 als allgemeingültiges Resonanzgesetz die normierten Amplituden- und Phasenverläufe über dem Frequenzmass dar:

$$\left.\begin{array}{l} A = \cos \varphi \\ Q\xi = \text{tg } \varphi \end{array}\right\} : \quad \begin{array}{l} A = [1 + (Q\xi)^2]^{-1/2} \\ \varphi = \text{arctg}(Q\xi) \end{array} \tag{9.9}$$

9.3 Ortskurven der Impedanz und der Admittanz: Begriff der Bandbreite

Amplituden- *und* Phasenfunktion können durch eine einzige Darstellung wiedergegeben werden, wenn man die Grösse $\mathbf{A} = A \cdot \exp(j\varphi)$ als Vektor in die komplexe Ebene einträgt und die Spur der Vektorspitze verfolgt. Zur Vektorfunktion $\mathbf{A} = \mathbf{A}(\omega)$ gelangt man am einfachsten auf dem Wege über die Ortskurve der Impedanz.

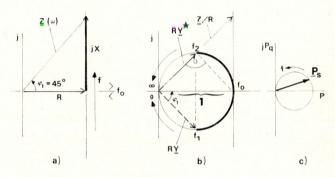

Fig. 85: Inversion einer Ortskurve
a) Impedanz $\mathbf{Z}(\omega) \triangleq$ vertikale Gerade
b) Normierte Admittanz $R\mathbf{Y}^*(\omega) \triangleq$ Kreis
c) Leistungskreis

Die Eingangsimpedanz der Reihenschaltung (Klemme 0) setzt sich vektoriell zusammen aus einer konstanten reellen Komponente R und aus der frequenzabhängigen imaginären Komponente jX. Die Spitze des wie in Fig. 79 gebildeten Impedanzdreiecks beschreibt daher mit veränderlichem ω eine Gerade als

Ortskurve der Impedanz

$$\mathbf{Z}(\omega) = R + jX(\omega) \qquad (9.10)$$

9. Wechselströme bei variabler Frequenz

Da die Reihenschaltung an einer Spannung mit *konstantem Effektivwert* U_0 betrieben werden soll, müssen die Funktionen

des Stromes
$$\mathbf{I}(\omega) = I_{max} \cdot \mathbf{A}(\omega) \tag{9.11}$$

und der Leistung
$$\mathbf{P}_s(\omega) = U_0 \cdot \mathbf{I}^*(\omega) \tag{9.12}$$

grundsätzlich ähnliche Gestalt haben. $\mathbf{I}^*$ bedeutet: konjugiert komplex zu $\mathbf{I}$ ($=\mathbf{I}$ gespiegelt an der reellen Achse). Die Spiegelung ist deshalb nötig, weil ein induktiver Strom ($\varphi > 0$: Strom nacheilend zur reellen Bezugsspannung U_0) voraussetzungsgemäss eine positive Blindleistung haben soll:

$$\mathbf{P}_s = \mathbf{U} \cdot I = U \cdot \mathbf{I}^* \tag{9.13}$$

Wir setzen also

$$\mathbf{P}_s = U_0 \cdot \mathbf{I}^* = U_0^2 \cdot \mathbf{Y}^* \tag{9.14}$$

Die Funktionen $\mathbf{Y} = \mathbf{Z}^{-1}$ bzw. $\mathbf{Y}^* = \mathbf{Z}^{*-1}$ (inverse Funktionen, oder kurz: Inversionen) liegen auf einem und demselben Kreis (ω links- bzw. rechtsläufig zu zählen), siehe Fig. 85*b*. Besonders leicht ist das zu beweisen an Hand von normierten Werten. Ist nämlich wie in Fig. 85*b* der Kreis ein „Einheitskreis", dann bilden die normierten Vektoren $R\mathbf{Y}^* = \mathbf{Y}^*/Y_{max}$ und $\mathbf{Z}/R = \mathbf{Z}/Z_{min}$ Stücke eines rechtwinkligen Dreiecks mit dem Kreisdurchmesser (Länge 1) als Kathete. Nach dem sogenannten „Kathetensatz" (der nur anwendbar ist, falls $R\mathbf{Y}^*$ in den Thaleskreis eingeschrieben ist) gilt:

Ortskurve der normierten Admittanz

$$|R\mathbf{Y}^*| \cdot |\mathbf{Z}/R| = 1^2$$

$$|\mathbf{Y}^*| = \frac{1}{|\mathbf{Z}|}$$

$$\varphi = \arg(\mathbf{Y}^*) = \arg(\mathbf{Z})$$

$$\mathbf{P}_s \sim R\mathbf{Y}^* = \text{Kreis}, f \text{ und } \omega \text{ linksläufig} \tag{9.15}$$

Aus dem bisher gesagten geht folgendes hervor:
1. Strom und Leistung haben ein Maximum bei $f=f_0$ (auf der reellen Achse).
2. Daneben gibt es zwei Grenzfrequenzen f_1 und f_2, welche durch die Phasenverschiebung $\varphi = \pm \pi/4$ gekennzeichnet sind. Die Grenzfrequenzen zeichnen sich weiterhin aus durch ein Maximum an zugeführter Blindleistung. Sie entsprechen auch den Abszissen $Q\xi = \pm 1$ in Fig. 84.
3. Die Werte der normierten Amplitudenfunktion (Fig. 84) und der normierten Leistungsfunktion (Fig. 85b) ergeben sich bei den jeweiligen Grenzfrequenzen zu $1/\sqrt{2}$.

Wir nennen den fraglichen Frequenzbereich die

Bandbreite
$$B = f_2 - f_1 \quad \text{in} \quad \text{Hz} \qquad (9.16)$$

Setzt man gemäss Fig. 84 und Gl. 9.6

$$Q \cdot (\xi_2 - \xi_1) = +1 - (-1) = 2$$

$$Q \left(\frac{\omega_2 - \omega_0}{\omega_0} - \frac{\omega_1 - \omega_0}{\omega_0} \right) = Q \frac{f_2 - f_1}{f_0} = 1$$

so folgt ein wichtiger Zusammenhang zwischen Bandbreite, Resonanzfrequenz und Güte:

$$Q \cdot B = f_0 \qquad (9.17)$$

9.4 Unsymmetrische Resonanzkurven, Frequenzgang

Wenn man nicht nach dem Eingangsstrom, sondern nach der Ausgangsspannung fragt, so ist diese Fragestellung derjenigen in Abschn. 7.3.2 wesensverwandt, insofern als hier wie dort die Systemschnelligkeit einer (irgendwie gearteten) Übertragungseinrichtung zur Diskussion steht. Wir erwarten eine Auskunft darüber, wie sich die an den Eingangsklemmen (0) anliegende stationäre Wechselspannung U_0 durch Änderung ihrer Frequenz ω auf die Ausgangsspannung $U_2(\omega)$ auswirkt. Die Antwort enthält prinzipiell Angaben über den Amplitudengang (jetzt Verhältnis *zweier verschiedener* Grössen: $V = U_2/U_0$) und den Phasengang. Auch Ortskurven des komplexen Frequenzgangs $\mathbf{G}(\omega) = V \cdot \exp(j\varphi)$ sind gebräuchlich. Wir wollen uns aber hier nur um die Betragsverhältnisse kümmern und verstehen unter „dem Frequenzgang" die betragsmässige Verstärkungsfunktion (welche gelegentlich in eine Dämpfungsfunktion ausartet). Wir setzen mit Gl. 9.4 und 9.8:

Frequenzgangs (oder Amplitudengangs) funktion

$$V(\omega) = |\mathbf{G}(\omega)| = \frac{U_2}{U_0} = \left(\frac{I}{\omega C}\right) \Big/ (I \cdot Z)$$

$Q = \dfrac{1}{\omega_0 CR}$:

$$V(\omega) = Q \cdot \frac{\omega_0 C}{\omega C} \cdot \frac{R}{Z} = Q \frac{\omega_0}{\omega} \cdot A(\omega) \qquad (9.18)$$

Setzt man darin

$$\frac{\omega_0}{\omega} = \frac{1}{1 + \dfrac{\xi}{2}} \approx 1 - \frac{\xi}{2}$$

so gilt:

$$V(Q\xi) \approx \left(Q - \frac{Q\xi}{2}\right) \cdot A(Q\xi) \qquad (9.19)$$

Ist Q einigermassen gross (z.B. $Q > 10$), so wird sich der Faktor $Q\xi/2$ im Bereich der Bandbreite kaum auswirken (z.B. Korrektur auf A: $\pm 5\%$ an den Bandgrenzen). Es gelten daher für schwach gedämpfte Systeme mit guter Näherung die in den vorigen Abschnitten getroffenen Feststellungen auch für die unsymmetrische Resonanzkurve. Die Unsymmetrie tritt dagegen in Erscheinung für grössere Werte der Verstimmung ξ (wo ohnehin die Voraussetzungen von Gl. 9.6 nicht mehr rich-

(9.4) Unsymmetrische Resonanzkurven, Frequenzgang 157

tig sind), oder für kleine Q-Werte (=stärkere Dämpfung); es gelten folgende Grenzwerte:

$$\lim_{Q\xi \to \infty} A(Q\xi) = 0 \quad \text{siehe qualitativ in Fig. 84:}$$

$$\lim_{\omega \to 0} V(\omega) = 1 \quad \text{Kondensator an Gleichspannung}$$

$$\lim_{\omega \to \infty} V(\omega) = 0 \quad \text{Kondensator an Höchstfrequenz}$$
(9.20)

Von besonderem Interesse sind nun gerade diejenigen Amplitudengänge, welche bei verschiedenen Werten der Dämpfung (kleine Q-Werte) eine möglichst gleichmässige V-Funk-

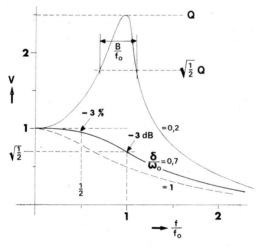

Fig. 86: Frequenzgangkurven
$V(f)$ — Bodediagramm bei verschiedenen Dämpfungen

tion über einen grösseren Frequenzbereich ergeben. Vergleichen Sie die Aussagen des sogenannten Bodediagramms in Fig. 86 mit den Übertragungsfunktionen im Zeitmasstab (Sprungantwort) nach Fig. 64. Beide Darstellungen ergeben als günstigsten Dämpfungswert für Messeinrichtungen ein Dekrement von $\delta = \omega_0/\sqrt{2}$. Die Darstellung $V(\omega)$ besitzt aber darüberhinaus den Vorteil, dass man den jeweiligen dynamischen Messfehler direkt ablesen kann, wenn die Frequenz f der Messgrösse und die Eigenfrequenz f_0 der Messeinrichtung bekannt sind.

Anmerkung: Der Phasenfehler eines richtig eingestellten dynamischen Messwerks (oder eines äquivalenten elektrischen Übertragungssystems) entspricht bei optimaler Dämpfung $\delta = 0{,}7\omega_0$ im ganzen Übertragungsbereich („Tiefpass": $0 < \omega < \omega_0$) einer Verzögerung von 1/4 Periode (gleiche Phasenlage wie im Resonanzfall).

9.5 PARALLELRESONANZ: DUALITÄTSPRINZIP, MESSUNG VON RESONANZVORGÄNGEN

Zwei Schaltungen *a* und *b* heissen dual, wenn die Spannungen des einen Systems durch Ströme des anderen Systems ersetzt werden können ($\mathbf{U}_a \to \mathbf{I}_b$) und umgekehrt ($\mathbf{I}_a \to \mathbf{U}_b$). Dabei entsteht aus der Reihen-eine Parallelschaltung, gekennzeichnet

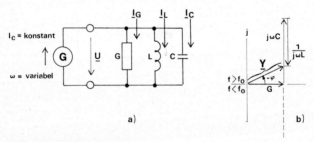

Fig. 87: Parallelresonanz
a) Parallelschaltung an *Strom*-Quelle
b) Ortskurve der Admittanz (entspricht Impedanz der Reihenschaltung)

durch $\sum \mathbf{U}_a \to \sum \mathbf{I}_b$. Eine *Spannungs*-Quelle auf der einen Seite verlangt eine *Strom*-Quelle auf der anderen Seite ($U_0 \to I_c$). Impedanzen werden zu Admittanzen ($\mathbf{Z}_a \to \mathbf{Y}_b$), insbesondere muss

9. Wechselströme bei variabler Frequenz

ein kleiner Widerstand durch einen kleinen parallelgeschalteten Leitwert ersetzt werden ($R_a \ll \rightarrow G_b \ll /R_b \gg$).

Bei den Blindkomponenten tritt an die Stelle einer Induktivität in Reihenschaltung die parallelgeschaltete Kapazität ($j\omega L \rightarrow j\omega C$), siehe Fig. 87b.

Unter den oben erläuterten Voraussetzungen dürfen alle Ergebnisse der Reihenschaltung sinngemäss übernommen werden. Insbesondere darf festgestellt werden:

1. Bei gleicher Resonanzfrequenz ω_0 entsteht ein Admittanz*minimum* (=Impedanz*maximum*) $Y_{\min} = 1/Z_{\max} = = G = 1/R$, siehe Gl. 9.2. Wir nennen daher die Schaltung mit parallel angeordneten *LC*-Elementen einen *Sperrkreis* (=selektiver Isolator), siehe Fig. 87a.
2. Aus der Spannungsverstärkung des Saugkreises wird eine Stromverstärkung des Sperrkreises. Die Güte ergibt sich jetzt mit Gl. 9.5 zu

$$(I_c \neq I_C)! \quad Q = V(\omega_0) = \frac{I_L}{I_c} = \frac{P_{qi}}{P} = \frac{\omega_0 C}{G} \quad (9.21)$$

Die besondere Bedeutung des Sperrkreises für die Messtechnik geht daraus hervor, dass die verfügbaren Quellen (elektronische Geräte mit Verstärkern) im allgemeinen einen relativ grossen Innenwiderstand haben. *Strom*quellen sind daher leicht zu realisieren dadurch, dass man dem Sperrkreis wenn nötig einen zusätzlichen Widerstand R_v vorschaltet, siehe dazu Fig. 20c.

Um eine Resonanzkurve auf dem KO darstellen zu können, braucht man zunächst einen Signalgenerator, welcher eine sinusförmige Spannung konstanter Amplitude und variabler Frequenz liefert, wobei die Frequenz gleichzeitig mit der Sägezahnspannung am X-Eingang des KO durchgesteuert werden kann, siehe Fig. 88.

Wir haben in Abschn. 7.5.3 darauf hingewiesen, dass ein Integrierverstärker einen Sägezahn u_x/f_x mit Frequenz $f_x \sim u_1$ erzeugt, siehe Gl. 7.40. In Fig. 88 sind einfach die Indices umbenannt: Ein erster Integrierverstärker (I_1) erzeuge einen sehr langsamen Sägezahn u_x/f_x (genannt: „Sweep"). Führt man den Sweep u_x auf einen zweiten Integrierverstärker (I_2), so kann dieser einen schnellen Sägezahn mit Frequenz $f_1 \sim u_x$ erzeugen. Der schnelle Sägezahn kann durch geeignete Formungsvorgänge (F) in einen Sinus u_1/f_1 verwandelt werden. Wir nennen die Gerätekombination $(I_2)+(F)$ einen spannungsgesteuerten Signalgenerator (VCG = voltage controlled generator). Gibt man schliesslich die Mess-Spannung $u_2 \triangleq u_y/f_1$ auf das Y-System und gleichzeitig u_x/f_x auf das X-Ablenkungssystem des KO, so erscheint auf dem Bildschirm eine symmetrische Resonanzkurve vom Typ $A(f_1)$. Die gesuchte Information liegt indessen

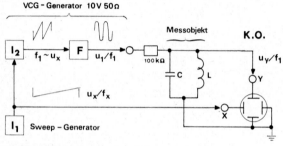

Fig. 88: Blockschema einer Messanordnung zur Aufnahme von Resonanzkurven

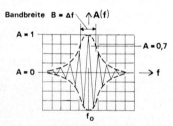

Fig. 89: Entstehung einer Wobbelkurve

nicht in einem gewöhnlichen Kurvenzug (helle Spur auf dunklem Hintergrund), sondern in der Hüllkurve sehr dicht geschriebener Schwingungsbilder (helle Fläche). Die Gerätekombination $(I_1)+(I_2)+(F)$ wird darum auch als „Wobbel"-Generator bezeichnet (wobble = nicht gleichmässig schwingen).

Will man nicht die Resonanzkurve vom Typ A, sondern die unsymmetrische Variante Typ V (Frequenzgang), so hat man die Messbedingungen in konsequenter Anwendung des Dualitätsprinzips sinngemäss abzuändern. Erinnern wir uns der

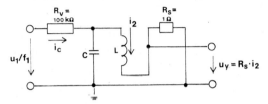

Fig. 90: Mess-Schaltung zur Aufnahme des Frequenzganges

Tatsache, dass der *kapazitiven* Ausgangs*spannung* in Fig. 82 ein *induktiver* Ausgangs*strom* in Fig. 87 entsprechen muss ($U_2 \rightarrow I_2$). Dieser Strom kann mit dem Oszillografen als Spannungsabfall an einem kleinen Hilfswiderstand (Shunt) $u_y = i_2 R_s$ gemessen werden.

9.6 DYNAMISCHE EIGENSCHAFTEN ELEKTROTECHNISCHER BAUTEILE

In Abschnitt 5.5.1 ist festgestellt worden, dass das Eisen als gebräuchlichster Leiter für das magnetische Feld im Laufe einer einzigen Wechselstromperiode einen Energiebetrag $W_h/V = {} = \oint H \cdot dB$ verzehrt, siehe Gl. 5.32. Daraus geht hervor, dass die Hystereseverluste bei einer Wechselstromfrequenz $f = 1/T$ durch einen frequenzproportionalen Wirkleistungsanteil gedeckt werden müssen. Enthält also eine Spule (Induktivität L) Eisen in irgend einer Form, so gilt bei konstantem Strom die folgende Proportionalität:

$$[P_h]_{I=\text{const}} = \frac{dW_h}{dt} = \frac{V}{T} \oint H \cdot dB \sim f$$

$$[P_q]_{I=\text{const}} = U_L I = \omega L \cdot I^2 \sim f$$

(9.22)

9. Wechselströme bei variabler Frequenz

Setzt man darin

$$U_L \, dt = N \, d\Phi = NA \cdot dB \sim dB$$

$$I = \theta/N = \oint \vec{H} \cdot d\vec{s}/N \sim H$$

so folgt:

$$\int P_h \, dt \sim H \cdot dB \sim \int P_q \, dt$$

$$\operatorname{tg} \varphi = \frac{P_q}{P_h} = \operatorname{const}(f) \tag{9.23}$$

Genau wie die Reibungsvorgänge in einem wechselnd magnetisierten Magnetikum (Hysterese) verursachen auch elektrische Wechselfelder in einem polarisierten Dielektrikum Verluste, welche (wenn auch von wesentlich geringerem Betrag als etwa die Eisenverluste) ebenfalls mit der Frequenz gehen. Es gibt zwar Anwendungsfälle, wo die dielektrischen Verluste sinnvoll ausgenutzt werden, wie z.B. bei der Erwärmung nichtleitender Materialien in einem hochgespannten Hochfrequenzfeld (Sehr modernes Verfahren: Schlechte Wärmeleiter wie Gummi oder Kunststoffe lassen sich schnell und gleichmässig von innen heraus aufheizen). Trotzdem besteht in der Regel ein Interesse daran, dass elektrische Isolationen möglichst wenig Verluste erzeugen. Als ein geeignetes Mass der Qualität gilt der sogenannte *Tangens* δ.

Schematisch lassen sich die Verluste des Eisens bzw. des Dielektrikums durch Ersatzwiderstände darstellen; in Parallelschaltung gemäss Fig. 91 weisen diese Ersatzwiderstände dieselbe Frequenzabhängigkeit auf wie die Reaktanz bzw. Suszeptanz der Hauptkomponenten. Auf diese Weise lassen sich der Ersatzleitwert G_{Di} und die Verlustleistung P_{Di} in einem Dielektrikum berechnen, wenn nebst dem tg δ (=Material-Konstante) die Kapazität der Anordnung C und die anliegende Spannung (U und f) bekannt sind:

Tangens δ

$$P_{Di} = G_{Di} \cdot U^2 = \omega C U^2 \cdot \operatorname{tg} \delta \tag{9.24}$$

Aber nicht nur die Ohmschen Komponenten in elektrischen

(9.6) Dynamische Eigenschaften elektrotechn. Bauteile

Bauteilen werden von der Frequenzdynamik betroffen. Als ohne weiteres verständlich mag die Tatsache erscheinen, dass ein gewickelter Widerstand eine (wenn auch kleine) innere Induktivität L_0 haben muss, siehe Fig. 92a. Dasselbe gilt im Prinzip auch für einen Kondensator, siehe Fig. 92b. Anderseits kann auch eine Spule (L oder R), ein elektrostatisches Streufeld haben, welches sich zwischen den Windungen entgegengesetzten

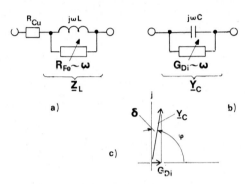

Fig. 91: Dynamische Verluste
a) Ersatzschaltung einer Spule mit Eisen
b) Ersatzschaltung eines Kondensators
(oder einer elektrischen Isolation)
c) Zur Definition des „Tangens δ"

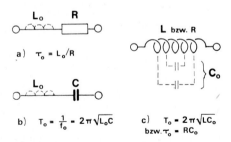

a) $\tau_0 = L_0/R$

b) $T_0 = \dfrac{1}{f_0} = 2\pi\sqrt{L_0 C}$

c) $T_0 = 2\pi\sqrt{L C_0}$
bzw. $\tau_0 = R C_0$

Fig. 92: Zeitkonstanten und Eigenfrequenzen, „Grenzfrequenz" von Komponenten
a) Reiheninduktivität des Widerstands
b) Streuinduktivität des Kondensators
c) Streukapazität einer Spule

Potentials aufbaut, sobald eine Spannung anliegt, siehe Fig. 92c.
Streuinduktivitäten L_0 und Streukapazitäten C_0 sind immer
unerwünscht; sie beeinträchtigen die „Schnelligkeit" der Bauteile. Was immer man auch im einzelnen unter Schnelligkeit
verstehen mag: Ein Widerstand mit innerer Zeitkonstante τ_0
kann eine ideale Sprungfunktion des Stromes nur in Form
einer abgerundeten Sprungantwort der Spannung wiedergeben,
wobei τ_0 einen Anhalt für die Grössenordnung des Fehlers,
(=Verzögerung des wahren, statischen Werts im Zeitmasstab)
liefern kann, siehe hierzu Fig. 45.

Bei den LC-Komponenten sieht es anscheinend schlimmer
aus: Mit steigenden Frequenzen $f \to f_0$ wird eine Induktivität
L scheinbar immer grösser ($\mathbf{Y} = \mathbf{Y}_L + \mathbf{Y}_{C_0} \to 0$, $1/\omega L \to 0$) bis zum
völligen Leerlauf (Sperrkreis), und wird eine Kapazität C ebenfalls scheinbar immer grösser ($\mathbf{Z} = \mathbf{Z}_C + \mathbf{Z}_{L_0} \to 0$, $1/\omega C \to 0$) bis
zum völligen Kurzschluss (Saugkreis).

Überschreitet man die Resonanzfrequenz f_0 (=Eigenfrequenz), so wird sogar aus der Spule ein Kondensator, oder
aus dem Kondensator eine Spule. Die Eigenfrequenz (=Grenzfrequenz) setzt demnach eine absolute obere Anwendungsgrenze fest. Auch die Grenzfrequenz f_0 lässt sich durch ein
Zeitmass $T_0 = 1/f_0$ ausdrücken. Schnelligkeit bedeutet also: Kleines Grenzzeitmass (T_0 oder $\tau_0 \ll$) und hohe Frequenzauflösung
(f_0 oder $1/\tau_0 \gg$). Tatsächlich enthalten Signalvorgänge umso
grössere Fourieranteile mit hoher Frequenz, je steiler sie verlaufen (siehe dazu Gl. 8.4). In diesem Zusammenhang sei auf
die korrespondierenden Grössenordnungen hingewiesen:

$$T_0 = f_0^{-1}$$

$$1\,\text{s} \,\hat{=}\, 1\,\text{Hz}$$

$$1\,\text{ms} \,\hat{=}\, 1\,\text{kHz}$$

$$1\,\text{µs} \,\hat{=}\, 1\,\text{MHz}$$

$$1\,\text{ns} \,\hat{=}\, 1\,\text{GHz}$$

So wie man einzelne Komponenten im Grenzfall als
Schwingungssystem ansehen muss, können auch kompliziertere

Baugruppen wie z.B. Verstärker nach der Modellvorstellung eines gewöhnlichen Resonanzkreises behandelt werden. Wir unterscheiden im wesentlichen Selektiv- und Breitbandverstärker:

1. *Selektiv-Verstärker*

    Ein selektiver Verstärker (in der Regel aus mehreren Stufen und Kreisen = Resonanzkreisen bestehend) sollte ein schmales Frequenzband $f_1 = f_0 - B/2 < f < f_2 = f_0 + B/2$ verstärken oder durchlassen und alle übrigen Frequenzen vollständig unterdrücken. Diese Aufgabe kann umsobesser erfüllt werden, je grösser die Güte, und umso geringer die Bandbreite gewählt wird. Wenn innerhalb der Bandbreite eine konstante Verstärkung vorgeschrieben ist, spricht man von einem *Bandpass*.

    Eine typische messtechnische Anwendung des selektiven Verstärkers existiert in der Form des *Analysators*. Wenn man z.B. die Resonanzfrequenz f_0 des Analysators gleichmässig mit der Sägezahnspannung u_x eines KO durchstimmen kann, so lässt sich auf dem Bildschirm des KO (Speicher—KO) das Spektrum einer Wechselspannung aufzeichnen, siehe Fig. 76.

2. *Breitband-Verstärker*

    Wendet man den Begriff der Bandbreite auch auf gedämpfte Frequenzgangkurven an, so ist die Bandbreite als derjenige Frequenzabstand zu verstehen, welcher den Ordinaten $V = Q/\sqrt{2}$ zuzuordnen ist. Beim Breitbandverstärker geht die untere Grenzfrequenz nach Null ($f_1 \to 0$). Das bedeutet aber auch, dass im Optimalfalle ($\delta = \omega_0/\sqrt{2}$) die Begriffe

    obere Grenzfrequenz = Bandbreite = Eigenfrequenz
    $$f_2 \quad = \quad B \quad = \quad f_0 \quad (9.25)$$

    zusammenfallen.

    Oszillografen enthalten typische Breitbandverstärker (Messverstärker = Gleichstromverstärker). Der Messverstärker stellt demnach, ähnlich wie der Schleifenschwinger eines elektromechanisch-optischen Systems, ein optimal gedämpftes rein elektrisches System dar, welches bei seiner „äussersten Reichweite" $B=f_0$ gerade einen dynamischen Fehler von -3 dB und bei der praktischen Bereichsgrenze $f_{max}=B/2$ einen solchen von -3% aufweisen sollte, siehe Fig. 86. Unter der Angabe -3 dB ($=$Dezibel) ist ein relatives logarithmisches Amplitudenmass zu verstehen:

$$20 \lg \frac{V(f_2)}{V(f_1)} = 20 \lg \frac{1}{\sqrt{2}} = -20 \lg \sqrt{2}$$

$$\approx -20 \cdot 0{,}15 = -3 \text{ dB}$$